FRAGMENTS

DE

BIOLOGIE CELLULAIRE

PAR M. J. KUNSTLER,

PROFESSEUR ADJOINT DE ZOOLOGIE A LA FACULTÉ DES SCIENCES DE BORDEAUX.

I

Constitution du Protoplasma.

En examinant à l'aide du microscope la substance constitutive des végétaux, Schleiden, en 1838, vit qu'elle était criblée d'une multitude de logettes, dont les parois, rigides et cellulosiques, se montraient tapissées d'une couche protoplasmique, englobant, en un point variable, un noyau, et contenant un liquide. Il nomma ces petites cavités des *cellules*, et édifia une hypothèse générale sur la structure des plantes. Il admit que tout végétal était constitué par un nombre plus ou moins grand de ces logettes ; en un mot, il créa la *théorie cellulaire*.

Cette théorie prit ultérieurement une extension qui n'était pas dans l'esprit de son auteur et changea profondément de signification. On l'appliqua aux tissus des animaux, où l'on retrouva des éléments que l'on compara aux cellules, mais qui en différaient à la première analyse en ce que, au lieu d'être de nature ternaire, leurs parois étaient azotées. La notion de *cellule* varia peu à peu et d'une façon continue ; elle finit par tout englober. Au début, la cellule représentait une logette solide à contenu protoplasmique, à noyau et à

1

liquide interne. On admit progréssivement qu'un corpuscule de protoplasma pouvait, sans cesser d'être cellule, être dépourvu de sa membrane enveloppante, de sa cavité interne et même de son noyau. Toute trace de structure pouvait disparaître sans que le protoplasma cessât d'être cellulaire.

Il fut établi dans la science que tous les éléments anatomiques qui composent les tissus des êtres vivants adultes dérivent directement, par simple changement de forme ou par soudure, d'autres cellules qui, primitivement, constituent leur embryon, et que tout organisme est formé par un nombre variable de cellules qui dérivent toujours elles-mêmes d'autres cellules.

On chercha aussi à déterminer la valeur morphologique de ces cellules.

Chez les Protozoaires, l'observation ne révèle pas l'existence de cellules. Aussi, n'a-t-on pas hésité à considérer ces organismes comme formés tout entiers d'une seule cellule, comme des êtres *unicellulaires* ou *monocellulaires*. De ce que la constitution physique de ces êtres autonomes peut souvent être ramenée à celle des différentes parties de la cellule, on en a conclu à leur équivalence avec les éléments anatomiques des êtres plus élevés, qui sont donc *pluricellulaires*. Toute la théorie coloniale se trouve là en germe.

Les organismes pluricellulaires sont devenus, par le fait, des sortes de colonies de corpuscules protoplasmiques à vie plus ou moins autonome, corpuscules pouvant exister à l'état isolé et constituer des Protozoaires, ou bien être unis en groupes pour former de nouvelles unités d'un ordre plus élevé. Les Métazoaires ou êtres pluricellulaires seraient donc de véritables organismes collectifs, des agrégats d'êtres vivants, qui ont perdu, par une certaine évolution régressive, leur qualité d'êtres autonomes pour devenir des parties d'un tout nouveau et complexe et s'adapter à des fonctions spéciales.

La marche évolutive de la théorie cellulaire a été fort laborieuse. Il lui a fallu la moitié d'un siècle pour aboutir au point où elle en est aujourd'hui. Ce n'est qu'en faisant subir à cette théorie des transformations successives et profondes qu'on est parvenu à y faire rentrer la totalité des corps vivants.

Une cellule est une masse de *protoplasma* plus ou moins individualisée autour d'un noyau. Le terme de protoplasma donne un corps à une conception morphologique; au point de vue chimique, c'est une matière albuminoïde. Le protoplasma a cependant des propriétés que n'ont pas les matières albuminoïdes. Ses molécules ne sauraient être des molécules ordinaires, car celles-ci n'ont pas la possibilité des échanges de matière; elles sont probablement dues à la réunion de molécules chimiques diverses.

A l'examen microscopique, le protoplasma apparaît généralement comme une substance homogène ou granuleuse. Aussi est-il généralement considéré comme étant une matière glutineuse, sans structure, en quelque sorte, muqueuse, à laquelle Dujardin a attribué le nom de *sarcode*.

La technique moderne permet cependant d'y distinguer des traces d'organisation fort diversement appréciées jusqu'ici. L'opinion la plus répandue aujourd'hui est qu'on discerne dans le corps cellulaire ou *cytoplasma*, des fibrilles, peut-être anastomosées en un réseau, dans les mailles duquel se trouve du protoplasma moins consistant; la coupe optique de ces fibrilles offre l'aspect de granules. Elles sont formées d'une matière réfringente connue sous les différents noms de *substance filaire, substance réticulée, spongioplasma, mitome*. La substance plus fluide et moins réfringente est de la *substance interfibrillaire*, de l'*hyaloplasma*, du *paraplasma* ou du *paramitome*.

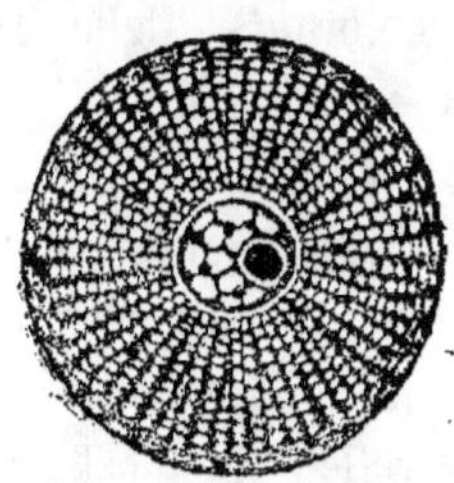

Fig. 1. — Schéma d'une cellule à structure alvéolaire. Les parois latérales des vacuoles ont l'aspect de lignes rayonnantes. Les assises superficielles sont allongées tangentiellement de manière à former un tégument (exoplasme). Le noyau, entouré d'une zone claire, montre son réseau nucléaire et son nucléole indépendant.

Dans une foule de cellules, le protoplasma se différencie en deux parties, l'une interne, l'*endoplasme*, qui persiste à peu près à l'état de protoplasma ordinaire, l'autre périphérique, l'*exoplasme,* ou couche limitante périphérique. Cet exoplasme présente souvent des pointes, sortes de prolongements fibrillaires rayonnants.

Brass admet même que les cellules constituent un ensemble complexe, formé de plusieurs sortes de protoplasmas. A la surface, se trouverait le *plasma moteur;* puis viendrait le *plasma respiratoire,* suivi du *plasma nutritif;* enfin, autour du noyau, existerait une nouvelle couche à fonctions analogues, le *plasma nourricier.* Seul, le plasma de nutrition élaborerait les granulations qui exercent une attraction sélective sur le carmin et qui seraient donc des éléments d'assimilation.

Ce n'est que dans des cas assez peu fréquents dans la nature que l'on rencontre du protoplasma dépourvu de noyau. Le plus souvent les masses protoplasmiques contiennent un ou plusieurs de ces corpuscules.

La substance du noyau est du *karyoplasma;* il présente un aspect structuré analogue à celui du protoplasma ordinaire, quoique, dans la règle, plus net. Le réseau nucléaire est formé de *plastine* ou *nucleoplasma* ou *substance achromatique,* ou encore *achromatine,* contenant des granulations de *chromatine,* et le tout est plongé dans du suc nucléaire. La dénomination de *chromatine* rappelle la propriété que possède cette substance d'absorber les réactifs colorants. Celle du *nucléine,* qu'on lui attribue quelquefois, rappelle son siège. Ces granulations chromatiques sont encore appelées *microsomes.* La partie chromatique paraît ne pas toujours rester aux mêmes points dans les filaments et des parties achromatiques paraissent susceptibles de devenir chromatiques et réciproquement. — Dans certains noyaux, le reticulum n'est pas condensé, et il existe des lacunes dans la substance nucléaire, souvent à un point tel que le noyau prend un aspect vésiculaire.

La substance périphérique du noyau est ordinairement plus dense que celle qui se trouve à l'intérieur, de façon à former une sorte de membrane enveloppante, généralement très mince. Pour certains auteurs, ce ne serait là que la partie périphérique du réseau (dans le sens propre du mot) nucléaire, dont les mailles seraient très rapetissées. S'il en était ainsi, la distinction en paraplasma et en suc nucléaire pourrait paraître superflue, car ces liquides communiqueraient librement à travers les mailles du réseau membraniforme. La membrane enveloppante du noyau paraît, dans certains cas, constituée par la couche alvéolaire superficielle, plus dense, et d'autres fois, et plus souvent, simplement par les portions périphériques des parois de cette même couche, un peu épaissies et formant un ensemble continu.

Le contenu du noyau présente souvent un aspect différent. On y distingue alors un ou plusieurs cordons flexueux, pelotonnés, irréguliers, formés d'une variété particulière de chromatine, la *parachromatine*. D'après certains observateurs, de ce filament pourrait dériver directement un réseau nucléaire, par le seul fait que les anses flexueuses qu'il décrit et dont la convexité est tournée vers l'intérieur, se fusionneraient à leurs points de contact. Les points de soudure ainsi constitués formeraient les points nodaux chromatiques.

Autour du noyau, on distingue souvent une étroite zone claire, que j'ai déjà signalée en 1882, entourant immédiatement cet élément. Il y a quelques années, Vejdovsky a donné le nom de *périplaste* à cette couche particulière. Elle présente quelquefois un aspect fibrillaire, et peut même montrer une sorte de structure concentrique.

A l'intérieur du noyau, mais indépendant de sa substance, se voit un corpuscule à contours nets et autonomes, dont la substance présente des réactions un peu différentes de celles du réseau chromatique, c'est le *nucléole*, formé de *prochromatine*, de *paranucléine* ou *pyrénine*. Cet élément est généralement situé près de la périphérie, contre la paroi.

Certaines observations tendent à faire admettre que le nucléole est une sphère creuse, remplie d'un fluide. Par exemple, dans l'atrophie du noyau des cellules du corps muqueux de Malpighi, il arrive que le nucléole prenne peu à peu un développement considérable, de façon à occuper toute la cavité du noyau, dont la substance est refoulée sur un des côtés et affecte la forme d'un croissant moulé sur la vésicule du nucléole.

J'ai montré l'existence, autour du nucléole de certains Flagellés, d'une zone hyaline qu'Eimer a revue dans d'autres éléments, et que nient, à tort, Flemming et Klein.

Le rôle des nucléoles est peu connu. On les considère quelquefois comme des matériaux de réserve, destinés à être employés lors de l'activité cellulaire.

L'exposé qui précède peut être considéré comme un résumé des conquêtes scientifiques généralement admises, de celles que les esprits les plus prudents ne sauraient mettre en doute. A côté de ces vues circonspectes viennent se placer des résultats plus nouveaux, dont la jeunesse ne saurait, à elle seule, constituer une raison suffisante pour qu'elle soit accueillie avec peu de faveur.

Les travaux récents nous offrent, en effet, des vues toutes nouvelles relativement à la constitution du protoplasma.

Structure et *protoplasma* sont deux vocables qui, il n'y a pas bien longtemps, eussent fait bien singulière figure si on les avait trouvés accouplés. De nos jours, l'habitude de les voir réunis s'est insensiblement glissée dans les mœurs, et, quelle que soit l'opinion des auteurs, ils les emploient sans répugnance. C'est dire que, dans l'opinion scientifique générale, le protoplasma n'est pas la substance glutineuse homogène que l'on s'est complu à y voir, et la *théorie du sarcode* n'est plus guère autre chose qu'un aveu d'impuissance qui n'a plus qu'un intérêt historique. De nos jours, le protoplasma ne saurait plus être considéré, par définition, comme sans structure, *base physique de la vie*, dont les seules différenciations amènent la structure morphologique.

Il y a longtemps déjà que quelques auteurs ont essayé de s'insurger contre ces dogmes simplistes et ont avancé des opinions tendant à faire admettre que le protoplasma n'est pas la substance muqueuse que les doctrines courantes y voyaient. Ils ont assigné au protoplasma la structure réticulée, décrite plus haut, formée de filaments entrecroisés et plongés dans le suc cellulaire (paraplasma de Kupffer).

Ils furent accablés sous l'indifférence générale ou même le dédain de tous ceux qui n'avaient pu voir ces faits. Leurs observations parurent longtemps non avenues et semblèrent devoir se perdre complètement pour la science.

Parmi les naturalistes réfractaires à ces idées nouvelles, il y a lieu de citer Bütschli, qui les a fortement combattues. Il explique les faits décrits par des apparences plus ou moins fortuites et par des phénomènes sans importance. Voici comment il s'exprime : « Il y a actuellement une tendance à accorder au protoplasma une structure plus compliquée qu'on ne l'a admis jusqu'ici. Kupffer, Heitzmann, Flemming et d'autres nous ont fait connaître une série de faits qui ne me paraissent toutefois pas aussi dignes de remarque qu'on le représente, ni aussi indépendants de ce qu'on savait avant. Il y a un passage graduel entre la présence de vacuoles disséminées dans le protoplasma de certains Protozoaires et l'existence du protoplasma complètement alvéolaire ou, ce qui est la même chose, réticulé. Ceci arrive lorsque les vacuoles ou alvéoles sont tellement abondantes que les parois plasmiques qui les séparent constituent un ensemble alvéolaire dont la coupe optique est un réseau. Le véritable élément mobile et vivant reste toujours ici le protoplasma homogène qui constitue les filaments muqueux. D'ailleurs, nous avons une foule d'exemples, chez de petites et de grandes Amibes, chez des organismes amiboïdes et beaucoup d'autres Rhizopodes, montrant que ce sont précisément les régions du corps qui présentent les mouvements les plus vifs, la couche corticale hyaline ou les pseudopodes larges ou fins, qui se montrent tout à fait sans structure et homogènes, tandis que, précisément, les portions protoplasmiques internes qui se distinguent par leur structure réticulée ou alvéolaire, ont la part la moins énergique aux manifestations motrices. »

Ces découvertes d'histologie fine étaient donc des faits sans importance, pour cet auteur, ne changeant guère nos connaissances sur le *sarcode*, vers lequel existerait un passage graduel. C'étaient là, pour lui, des transformations séniles ou des phénomènes à peu près mécaniques, des vacuolisations jusqu'à un certain point accidentelles n'existant que dans certains cas, dues au développement, au sein du protoplasma le moins vivant, de vacuoles (dans le sens banal du mot) d'abord éparses, puis abondantes, et ne se montrant pas dans la substance réellement active.

Tel était l'état de la science lorsque des recherches particulières sur certains Protozoaires m'ont amené à m'occuper de cette question. L'exécution magistrale de toute idée subversive sur la structure du protoplasma faite par Bütschli et l'indifférence universelle du public scientifique, qui jugeait cette question plus ou moins insoluble, avaient plongé ces anciennes observations dans l'oubli le plus complet.

Par des recherches faites en 1880, j'ai cherché à mettre en évidence la véritable structure du protoplasma et la signification qu'elle comporte. Je n'ai, du reste, pas eu à me louer d'être entré dans une voie neuve et d'apporter quelque lumière sur un point si intéressant de nos connaissances scientifiques. La puissance des idées généralement admises est telle qu'à vouloir les heurter de front on risque de prêter à rire à ses dépens. Il est plus pratique de subir la tyrannie du milieu; il faut couler ses impressions dans le moule qui a servi aux nombreuses générations des temps passés; il faut admirer, comme elles, un peu de confiance et à l'aveugle; il faut avoir la foi qu'ils avaient et une naïveté de sentiments qui ne paraît cependant guère de mise, lorsqu'il s'agit de dogmes scientifiques. On a le plus grand tort de parcourir le domaine scientifique trop en sceptique, car tout le bénéfice des efforts qu'on a pu faire ainsi devient le partage d'autres. Tous ceux qui ont suivi, dans ces dix dernières années, l'histoire de la découverte de la structure du protoplasma savent que ceux qui l'ont mise sur pied et ceux qui en retirent le bénéfice moral ne sont pas les mêmes personnes.

J'ai montré que la constitution alvéolaire n'est pas l'apanage des tissus inertes, mais qu'au contraire c'est là une structure définie, indépendante des vacuoles ordinaires, qui existe partout et depuis le jeune âge. Si, dans certain cas, les alvéoles arrivent, en effet, à s'agrandir et à déterminer une structure réticulée plus grossière, ce n'est là qu'un état particulier de la structure alvéolaire qui ne saurait être comparé au développement de vacuoles ordinaires, d'abord rares, puis de plus en plus nombreuses. On a donc alors affaire à une évolution dans un sens particulier d'un phénomène normal et général, grâce à la transformation de logettes très petites et à parois épaisses en cavités plus grandes et à parois très amincies, dans les tissus dépourvus de mouvements propres.

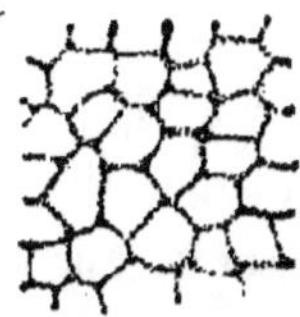

Fig. 2. — Protoplasma à vacuoles relativement vastes et polyédriques, à parois minces.

L'essence du phénomène avait été méconnue ; on n'en avait signalé que quelques manifestations, comme observations curieuses, sans en donner la vraie signification.

C'est à un moment où les anciennes observations paraissaient perdues, comme tant d'autres, et où personne ne semblait plus y songer, que mes recherches m'ont permis d'édifier une théorie de la structure du protoplasma que les observations récentes confirment actuellement dans ses points essentiels.

Fait digne de remarque, cette conception nouvelle a eu l'heur d'attirer l'adhésion de son premier adversaire, et la nouvelle théorie n'a, en effet, pas d'adepte plus ardent et y consacrant plus d'efforts que son ex-contradicteur.

Dans une de mes publications, datant de 1882, on peut lire : « En faisant récemment des recherches sur l'organisation de certains Infusoires, j'ai été frappé de la structure remarquable que présente leur substance constitutive. Leur protoplasma offre, dans toutes ses parties, l'aspect d'un réseau très fin et absolument continu de parties claires d'une grande minceur, qui circonscrivent de petits espaces plus sombres... les points

sombres ne sont autre chose que de petites cavités contenant
de la substance protoplasmique plus fluide. En effet, leur
examen direct ne montre jamais aucune communication entre
ces vacuoles ; d'un autre côté, quelle que soit la face par
laquelle on observe le protoplasma en question, ces petites
cavités se trouvent toujours entourées de minces parties de
substance plus dense, plus réfringente et, partout, absolument
continue. En faisant varier le point, on peut voir que ces
vacuoles sont partout limitées par le réseau clair, et ce réseau,
quel que soit le plan qu'on observe, ne présente aucune
solution de continuité pouvant permettre aux vacuoles voisines
de communiquer... Il était intéressant de rechercher si la
structure protoplasmique des cellules des êtres plus élevés en
organisation ne présenterait pas une disposition analogue...
La structure du protoplasma des grosses cellules qui constituent le revêtement interne de l'intestin des cloportes rappelle
nettement celle de la substance du corps des Protozoaires :
leur protoplasma est aussi criblé d'une multitude de petites
vacuoles séparées les unes des autres par de minces parties
denses. L'énorme noyau qui se remarque dans ces cellules
n'est pas, comme on l'admet généralement pour les noyaux,
une vésicule à parois propres dans laquelle existerait un
réseau de filaments renfermant dans ses mailles un liquide,
le suc nucléaire ; il présente une structure identique, celle du
protoplasma de la cellule... Pendant la division cellulaire, les
différentes parties qui entrent dans la constitution des cellules
se comportent d'une manière spéciale. Ce phénomène (chez
l'embryon de la truite) débute par l'apparition de lignes
rayonnantes, au sein du protoplasma cellulaire, lignes qui
s'étendent d'une étroite zone un peu plus claire entourant le
noyau, à la périphérie de la cellule. Cette apparence est due
à ce que les vacuoles de ce protoplasma se disposent assez
régulièrement en séries rayonnantes, et ce sont leurs parois
qui, se continuant de l'une à l'autre, présentent l'apparence
de rayons. Au contraire, ces petites cavités alternent le plus

généralement entre elles de l'une à l'autre de ces files centri-
fuges, de façon que leurs cloisons transversales, peu épaisses,
forment un ensemble irrégulier, assez peu apparent... » (*De la
constitution du protoplasma. — Bull. sc. du Nord*, 1882.)

Les Bactériacées elles-mêmes, ces êtres élémentaires, au
protoplasma desquels on a attribué une constitution absolument homogène, offrent une structure analogue, ainsi que je
l'ai établi dès 1886, en y ajoutant cette remarque, que je crois
importante, que les alvéoles qui s'observent dans leur substance se multiplient par division. De même aussi, j'ai vu, chez
les Flagellés d'abord, chez les Ciliés et les Sporozoaires ensuite,
une couche périphérique particulière, dite actuellement *couche
alvéolaire*, découverte de nouveau par certains auteurs. Les
fibres musculaires des Arthropodes peuvent être rangées dans
le même cadre, avec un grande facilité. Le sarcoplasma
y présente une structure spongieuse plus ou moins irrégulière,
rappelant celle du protoplasma ordinaire et contenant des
granulations interstitielles elles-mêmes hétérogènes. L'aspect
analogue des fibrilles est d'autant plus remarquable que les
travaux d'une foule d'histologistes ont poussé notre connaissance de ces éléments à un point tel qu'il semblait qu'on ne
pût plus guère le dépasser. On retrouve là, cependant, une
structure alvéolaire indubitable. Quoique la forme des fibrilles
soit variable et difficile à bien déterminer, on y rencontre
toujours des couches d'alvéoles qui, dans les zones sombres,
sont allongées et constituées par deux séries superposées, tandis
que, dans les zones claires, elles sont bien plus raccourcies.

La structure du protoplasma, tout en dérivant d'un point de
départ similaire, se complique de manières diverses, plus que
ne l'avaient fait pressentir les premiers travaux. L'apparence
réticulée n'est que l'expression d'un état particulier et assez
répandu de sa constitution qui peut offrir une foule d'autres
aspects. C'est cet aspect spécial qui a surtout donné lieu à
des interprétations plus ou moins contradictoires. La question
de savoir si ce sont bien des vacuoles ou si c'est là un réseau,

dans le sens ordinaire du mot, se résout tous les jours par de nouvelles adhésions à la première de ces vues. Récemment encore, j'ai reçu, par lettre, l'adhésion d'un ancien adversaire de mes idées, M. le Dr Fabre-Domergue, que les faits ont amené à abandonner son ancienne manière de voir.

Dans les protoplasmas compacts, — c'est le cas de la plupart des éléments tout à fait jeunes, dont la structure est à un état de simplicité initial, — il arrive que les parois des loges soient relativement fort épaisses et les cavités très réduites. En ce cas, pour toute structure, on distingue une masse d'aspect homogène, contenant une foule de points sombres, ressemblant à des bâtonnets implantés dans une substance glutineuse. On ne saurait guère parler ici de structure vacuolaire ou alvéolaire, car les homologues des cavités présentent plutôt l'aspect de corpuscules solides. Cet état ne persiste que rarement. Généralement, il subit des transformations qui aboutissent à la constitution alvéolo-réticulée décrite plus haut. Les vacuoles s'agrandissent; leur contenu prend plutôt l'aspect d'un liquide, tandis que leurs parois s'amincissent. Aussi, dans les protoplasmas qui ne présentent pas une différenciation trop prononcée, on distingue généralement un réseau à mailles arrondies ou polygonales qui n'est, ainsi que je l'ai dit, que la coupe optique de petites logettes closes de toutes parts et contenant de la substance protéique d'aspect et de réfringence un peu différents. Les points nodaux, plus ou moins renflés — *microsomes* des histologistes modernes — ont un aspect grenu; ils correspondent, au moins en grande partie, aux granulations élémentaires des substances finement granuleuses des anciens auteurs. Dans cette charpente existent aussi de vraies granulations incluses, ou des gouttelettes graisseuses, et très fréquemment aussi le contenu des logettes, très coloré, se montre sous l'aspect de points sombres (enchylèmes), ressemblant à des granulations; dans les noyaux, on distingue des points nodaux chromatiques et des contenus alvéolaires achromatiques (nucléochylèmes).

Une évolution ultérieure peut amener la transformation des vacuoles dans des directions diverses. Tantôt cette évolution est simplement poussée à l'extrème; elle aboutit alors à la transformation des vacuoles en vastes cavités polyédriques, contenant un liquide clair peu colorable et séparées par des cloisons d'une grande minceur. Cet aspect rappelle un peu ce qui se voit, en anatomie végétale, dans les tissus subéreux ou médullaires, et la ressemblance est d'autant plus considérable que les parois vacuolaires prennent aussi un aspect comparable à celui des parois cellulosiques transformées.

Dans d'autres cas, les cavités vacuolaires peuvent encore devenir relativement grandes, mais sans que leurs parois atteignent la netteté, la minceur et l'aspect rigide cités plus haut. Celles-ci sont alors plus ou moins floues et, outre les points nodaux, on peut souvent voir encore, sur le trajet des filaments réticulaires, d'autres renflements indépendants de toute confluence des parois. Le protoplasma de ces renflements et d'autres analogues, quel que soit leur siège, est plus dense, un peu plus colorable et diffère d'aspect de celui qui forme le reste du réseau.

Fig. 3. — Protoplasma à grandes alvéoles, avec renflements sur les parois. La figure rend mal l'aspect flou de ces dernières.

La constitution du protoplasma peut subir encore bien d'autres modifications, dont voici quelques-unes.

Dans les couches tégumentaires de certains Flagellés, on ne voit plus un réseau réfringent simple, contenant du protoplasma plus ou moins différencié, réseau à mailles arrondies ou polygonales, toutes semblables, et présentant sur la coupe optique des filaments identiques; on trouve une constitution bien différente. Ainsi on rencontre dans les téguments de l'*Ambliophis viridis* ou des Euglènes, des rangées d'alvéoles qui, vues tangentiellement, apparaissent comme des logettes rectangulaires, disposées en files spi-

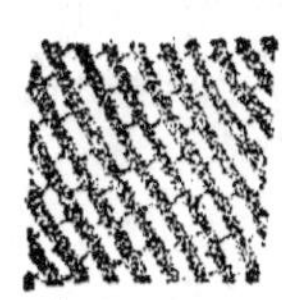

Fig. 4. — Téguments de l'*Ambliophis viridis*, vus de face et montrant des files de logettes rectangulaires, séparées par des fibrilles spirales, en forme de bandes.

rales et séparées par de minces trabécules; entre les files
parallèles se voient d'épaisses lames protoplasmiques, sortes

Fig. 5. — Coupe optique longitudinale des mêmes téguments. Les logettes qui constituent les fentes qui séparent les lames tégumentaires sont fort minces et correspondent aux trabécules minces de la fig. 4.

de fibrilles continues d'un bout à l'autre du
corps. Les mêmes téguments, en vue sagit-
tale, montrent d'épaisses lames concentriques,
sortes de feuillets superposés, séparés souvent
par des fentes qui sont elles-mêmes alors
divisées par de minces trabécules; ces trabécules séparent l'une de l'autre les vacuoles
parallélipipédiques d'une même file.

Dans l'exposé qui précède, je ne pense
certes pas avoir épuisé le sujet. Des décou-
vertes récentes nous font entrevoir bien d'autres dispositions,
et nul doute que, si les histologistes modifient légèrement

Fig. 6. — Coupe optique transversale des mêmes téguments.

leurs méthodes, nous ne soyons appelés à
constater de rapides progrès dans cette voie.
En histologie, on recherche peut-être un peu
trop les colorations nettes, pénétrant toute la
masse du tissu en expérience, et des durcisse-

ments suffisants au moins pour que l'on puisse faire des
coupes. C'est là tout ce qu'il faut pour détruire les fins détails
de structure. Cette tendance générale à ne plus rechercher
dans les tissus que les filaments et les corps rendus bien
apparents par une technique colorante énergique et donnant
des résultats frappants, mettant, par exemple, bien en lumière
les bacilles, produit des résultats souvent médiocres. J'ajouterai, du reste, à cela, l'emploi des instruments optiques les
plus en vogue, parmi lesquels je citerai le condensateur
d'Abbé, qui noie toute structure dans un crépuscule lumineux
pour ne faire saillir que les particules colorées. Enfin les
liquides conservateurs détruisent ou diminuent les différences
de réfringence, ce qui ne fait qu'aggraver le mal.

Depuis 1881, époque à laquelle j'ai publié *mes premiers*
résultats, la science a bien marché. D'anciens adversaires de
toute structure protoplasmique en sont arrivés à l'admettre.

Aujourd'hui, la théorie de la structure du protoplasma n'a pas de plus chaud partisan qu'un de ses premiers adversaires, Bütschli. Cet auteur publie sur ces faits une longue série de recherches; il a été amené à cette évolution par des comparaisons faites entre l'aspect de certaines substances et celui du protoplasma structuré. Nous savons, en effet, que, dans certains cas, le protoplasma présente, jusqu'à un certain point, la constitution de la mousse de savon, dans laquelle des alvéoles à parois minces, formées par le liquide visqueux, contiennent de l'air. Les émulsions huileuses lui ont permis de reconstituer quelques-uns des aspects particuliers de la structure du protoplasma. C'est à peu près exclusivement sur ces expériences que sont basées ses vues. Sans pouvoir être effectivement qualifiées de recherches sur la structure du protoplasma, ces expériences ne manquent pas d'un certain intérêt, au moins au point de vue physique; elles jettent quelque lumière sur certains phénomènes d'osmose qui se constatent dans le protoplasma vivant. Mais, en réalité, ce sont là des résultats parallèles à la question. C'est ainsi que l'on reproduit les figures de la karyokinèse avec de la limaille de fer et des aimants sur une feuille de papier, sans qu'au fond ce fait ait le moindre rapport avec la division cellulaire. En fait, les efforts de Bütschli n'ont abouti qu'à des comparaisons d'une justesse souvent contestable, et ils n'ont pas d'autre valeur. Comparer une Méduse à une ombrelle, un Oursin à une pelote d'épingles, est-ce là en donner une idée quelconque? N'est-ce pas plutôt laisser le champ libre à toutes les notions nouvelles et justes? Bütschli s'appesantit sur une différence qu'il établit entre les émulsions et les mousses. C'est à celles-là, dont la substance fondamentale est tellement réduite qu'elle ne forme plus que de *minces lamelles* entre les gouttelettes incluses, c'est aux mousses dues à un mélange de liquides visqueux non miscibles, qu'il ramène la structure du protoplasma. Cette hypothèse exclut donc les tissus très jeunes, dont les vacuoles ont des parois épaisses; elle ne rend compte que d'une transformation plus ou moins sénile. L'état représenté par les mousses, et qui serait général, n'est que le résultat d'une évolution spéciale avancée, seulement réalisé dans certains cas particuliers où les parois ont diminué progressivement d'épaisseur au profit des alvéoles. Le protoplasma n'est pas un mélange de deux liquides, puisqu'on trouve un passage graduel entre la paroi et le contenu vacuolaire, souvent comme si la liquéfaction n'était qu'un stade intermédiaire entre ces deux états. Du reste, entre les vacuoles à parois épaisses et celles d'aspect feuilleté, on trouve tous les intermédiaires.

A première vue, les expériences de cet auteur paraissent rendre compte de la fluidité de certains protoplasmas. La structure alvéolaire, décrite plus haut, ne saurait s'observer, en effet, que dans les tissus à structure stable et permanente. Il faut nécessairement autre chose dans les substances fluides. Mais ici encore les comparaisons de Bütschli me paraissent insuffisantes, et, à la première analyse, on peut remarquer que les mouvements du protoplasma en voie de circulation ne sont pas les mouvements d'une substance visqueuse, mais bien ceux d'une matière fluide paraissant céder à la pression des couches périphériques.

Je n'ai fait que peu d'observations directes sur le protoplasma fluide. Cependant, je l'ai observé sur un Foraminifère (¹)

(¹) J'ai donné la description du protoplasma de cet être en 1883, dans le *Bulletin scientifique du nord de la France et de la Belgique*. Les caractères de cet organisme sont assez particuliers pour qu'ils puissent intéresser les lecteurs des *Mémoires des Sciences physiques et naturelles*.

C'est un Rhizopode testacé, polythalame, marin, du groupe des Imperforés, tirant son origine du bassin d'Arcachon.

A son plus jeune âge, il paraît être constitué par une loge embryonnaire, ordinairement arrondie et pourvue d'une ouverture à laquelle fait généralement suite un canal latéral. Réduit à l'état de sphère simple, il présente une analogie frappante avec les œufs à micropyle. Puis, par une sorte de bourgeonnement de sa région orale, il constitue de nouvelles loges qui s'enroulent en spirales autour de la première. Ainsi se trouve constitué un petit individu à structure enroulée conchospiralaire, analogue à celle d'une foule de Foraminifères.

Mais bientôt on observe des phénomènes de ditaxisme poussés très loin et d'un caractère tout particulier. L'arrangement des loges qui s'était d'abord fait suivant la loi énoncée plus haut, ne tarde pas à se produire suivant une loi différente.

dans la substance fluide de son corps, où elle présentait une
disposition qui rappelle des gouttelettes de liquide éparses
dans un fluide. Dans ce cas particulier, ce sont des vésicules

---

L'enroulement devient irrégulier et il se constitue une ou plusieurs masses irrégulières, entortillées. Le phénomène se simplifie bientôt ; les loges successives
cessent de s'agglomérer, elles se redressent et se prolongent en une ligne plus ou
moins droite, constituée par une chaîne d'articles dus à un phénomène de bourgeonnement terminal. La séparation des segments est apparente et due à la
discontinuité de la coque elle-même.

Le tronc ainsi formé prend rapidement des caractères particuliers et excep-
tionnels chez les Foraminifères. On avait cru, jusqu'à présent, que les coquilles
du type terminal ne s'accroissaient que dans une seule direction. Grâce à des
dichotomisations plus ou moins abondantes s'ajoutant au bourgeonnement terminal, il se ramifie et prend un aspect arborescent, ramifié, bien différent de
celui des autres animaux du même groupe. Au premier abord, la vue de cet
ensemble rappellerait bien plutôt une Algue calcaire. Dans une foule de Rhizo-

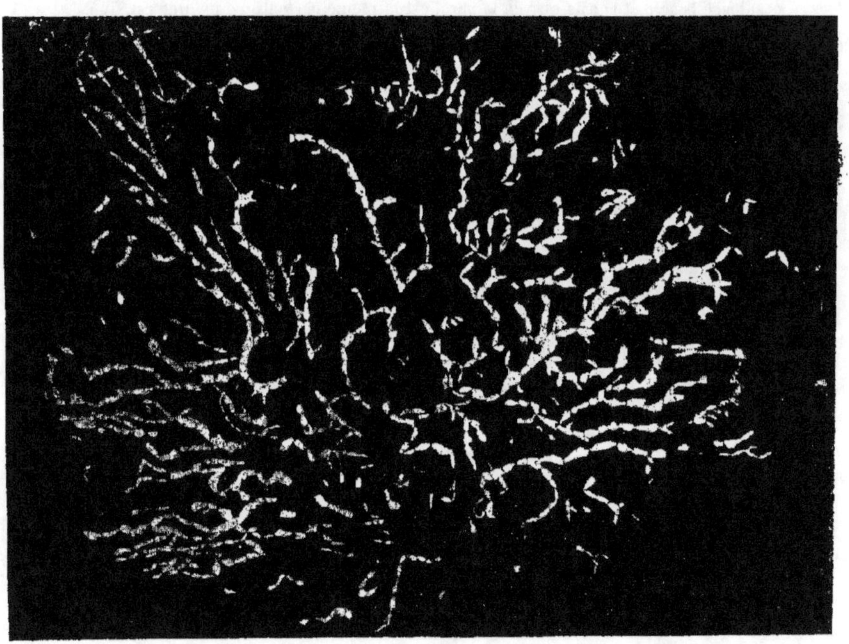

Fig. 7. — Foraminifère arborescent, d'après une photographie de M. Panajou.

podes, perforés ou imperforés, on a observé des tendances à un enroulement
irrégulier, sans qu'on l'ait jamais vu poussé aussi loin.

Par la suite de cette évolution, les ramifications ultimes, les loges terminales flottant dans un liquide granuleux, disposition qui permet la circulation. Cet agencement paraît fondamentalement différent des faits énoncés plus haut ; il semble exister une profonde dissemblance entre le protoplasma stable et nettement alvéolaire et

qui, comme chez tous les Miliolides, sont peu adhérentes entre elles et se séparent très facilement, s'isolent les unes des autres et constituent des sortes d'individus autonomes plus simples que l'individu initial.

Ces nouveaux individus se multiplient beaucoup par eux-mêmes, tant par bourgeonnement que par division. Finalement, ils se reproduisent par les embryons dont l'évolution est esquissée plus haut : ce sont ces articles isolés qui constituent la forme la plus fréquente sous laquelle on rencontre ce Foraminifère. Par contre, les formes embryonnaires sont beaucoup plus rares que les individus de tout âge.

Les individus isolés ont la forme de coquilles lisses, allongées, assez épaisses et cassantes, calcaires et jamais sableuses, monaxiques, pylomatiques, à caractère amphistomien, mitigé par la présence de cloisons minces. Il n'existe aucune surface basale et l'épaisseur de la paroi est la même partout. Le pylome est situé à l'un des pôles d'un axe longitudinal fort développé ; cette ouverture buccale est unique, un peu allongée en tube et sans piquants ; les bords en sont cependant quelquefois ornés. L'axe principal est plus ou moins courbe, ce qui n'est pas un passage à la forme spirale, mais plutôt un reste de celle-ci. Les axes croisés sont à peu près égaux, de façon qu'il n'y a guère d'aplatissement ; souvent on observe un renflement vers le milieu ou le bout de la coquille. Il n'y a donc pas là encore la proforme pyramidale amphitecte, ni la forme eudipleure, à symétrie bilatérale. Cependant l'eudipleurie est quelquefois atteinte par le recourbement du goulot.

Un Foraminifère, formé d'une chaîne d'articles, ne saurait guère être mobile ; mais, malgré son immobilité, notre organisme n'est pas, à proprement parler, sessile. Son extrémité aborale est simplement engagée dans des masses mucilagineuses brunâtres, dans des détritus marins, ce qui constitue un mode de fixation peu stable. On trouve aussi ces individus englobés dans les draps marins, au milieu d'Oscillaires, d'Algues diverses, de débris confus plus ou moins muqueux ou granuleux, peuplés d'animaux inférieurs, qui se constituent au fond de la mer ou au fond et sur les parois des aquariums. Cette fixation est donc légère, peu stable ; chez les jeunes, elle l'est encore moins.

A certains états, par son aspect extérieur, il se rapproche jusqu'à un certain point des Fabulaires, Hauérines. Triloculines, Vertébralines, Nubéculaires, etc. Tout en devant, certainement, être placé dans les Miliolides, il n'en paraît pas moins différer de cette famille par d'importants caractères ; il se rapproche plus particulièrement du genre *Nubecularia*, sous certains de ses aspects.

Je résumerai donc ici, en quelques mots, les caractères de ce genre, pour permettre au lecteur de juger en connaissance de cause du degré d'affinité de ces formes.

Le genre *Nubecularia* (synon. *Serpula*, p. p. Sold., *Webbina*, p. p. d'Orb.), a été créé par Defrance, en 1825. (*Dict. Sc. nat.*, vol. XXV, p. 210.)

Dans les Bronn's Klassen u. Ordn. des Thierreichs. *Protozoa*, la caractéristique donnée de ce genre est la suivante :

Coquille calcaire, mais aussi en partie sableuse, surface basale large, fixée et cette constitution du protoplasma fluide. Il paraît bien difficile de ramener ces deux structures à un type primitif commun.

Chez ce Foraminifère, le protoplasma cortical a conservé sa structure normale, à côté de son endoplasme fluide. Sont-ce

---

généralement sans paroi ou à paroi très mince. Polythalame. D'abord spirale, mais devenant bientôt irrégulière. Loges séparées par de simples rétrécissements de la paroi. Extérieurement, on ne voit d'ordinaire que peu d'indices de l'existence de loges. Quelquefois, il y a une sorte d'accroissement cyclique. Environ deux espèces vivantes ; depuis le Trias.

On voit que cette diagnose ne répond que fort peu et à aucun de ses stades à la description succincte du Foraminifère dont il est question dans ce Mémoire. En certains points, et non des moins importants, il y a des différences considérables.

Perrier complète cette diagnose en indiquant que les Nubéculaires ont leurs chambres incomplètement séparées par des cloisons incomplètes. Ces chambres se disposent d'abord en spirale; mais, comme l'animal est fixé, elles prennent ensuite une disposition quelconque.

Quant au *Nubecularia tibia* Park et Jones, qui est la forme avec laquelle on pourrait identifier les articles libres de notre organisme, Brady en donne la description dans le *Report on the Challenger exp.*, vol. IX, p. 135, pl. I, fig. 1-4. C'est un porcellané isomorphe du *Nodosaria*. Le test consiste en un petit nombre de segments ovalaires, piriformes, subcylindriques, quelquefois difformes, unis bout à bout, et, quand il est régulier, il présente une ressemblance plus ou moins

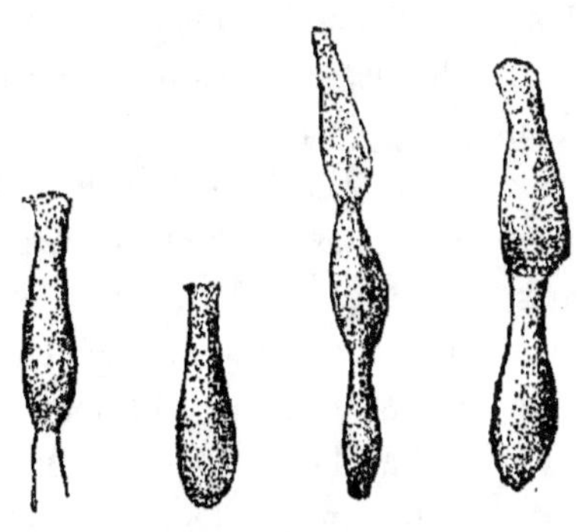

FIG. 8. — *Nubecularia tibia*, d'après Brady.   FIG. 9. — Le même, d'après Schlumberger.

considérable avec une mince dentaline. L'ouverture est un orifice terminal simple, arrondi, parfois bordé par une lèvre épaissie ou renversée. La coquille est opalescente ou opaque, blanche et imperforée; elle est souvent striée en travers. Presque jamais les spécimens n'avaient plus de trois segments atteignant, au plus, la longueur de 84 millimètres, ce qui est dû, peut-être, à la minceur de la paroi et à la finesse du tube stoloniforme.

là deux types de structure bien indépendants, ou l'une ne serait-elle qu'un dérivé de l'autre?

Dans l'état actuel de nos connaissances, il ne paraît guère possible de répondre d'une manière quelque peu affirmative à l'une ou à l'autre de ces questions. Certains faits cependant pourraient peut-être plutôt faire pencher la balance du côté de la dernière interprétation. En effet, les jeunes individus sont constitués tout entiers par une substance compacte finement réticulée, sans courants fluides. Au fur et à mesure de leur développement, leur substance centrale se fluidifie, et la voie que suit cette transformation présente un certain intérêt. Leurs logettes protoplasmiques augmentent de volume. Mais, en même temps, elles paraissent devenir indépendantes les unes des autres, de façon à pouvoir nager dans un liquide endoplasmique. Leur abondance peut être telle qu'elles sont quelquefois rendues polygonales par pression réciproque. Ces phénomènes se manifestent comme si les parois des vacuoles primitives se dédoublaient et comme si elles se transformaient en vésicules autonomes. S'il en était réellement ainsi, ce ne seraient pas là des formations nouvelles, mais bien les vacuoles primitives, séparées, devenues libres, et entre lesquelles un fluide plus ou moins abondant s'est placé.

De récentes observations de Bokorny établissent la possibilité de ce processus. Les cellules végétales contiennent presque toujours des vacuoles qui sont entourées de parois propres. Ces enveloppes ne sauraient être observées directement au microscope. Mais par l'emploi de diverses solutions, par exemple une solution de 10 0,0 d'azotate de potasse, on peut les détacher du protoplasma environnant par leur contraction, ce qui démontre bien leur existence en tant que vésicules autonomes. H. de Vries a nommé cette paroi vésiculaire *tonoplaste*. Elle est contractile et peu perméable aux liquides; de là, elle peut servir de réservoir au suc cellulaire et grandir sous la pression du liquide interne.

Sans attacher à ce qui précède d'autre valeur que celle

d'une interprétation, j'ajouterai cependant quelques observations qui viennent confirmer la probabilité déjà établie par les faits cités plus haut.

Ces observations portent sur les vésicules endoplasmiques elles-mêmes. Leur étude décèle une structure particulière. Elles paraissent pourvues de parois plus denses, entourant une substance plus fluide et quelquefois un peu granuleuse. Traitées par l'ammoniaque, leur mode de disposition, à certaines nuances près, est celle du protoplasma. Elles se gonflent un peu et pâlissent. Si le protoplasma disparaît progressivement, ces vésicules pâlissent lentement d'abord jusqu'à ce que, brusquement, on ne les voie plus. Ce fait corrobore l'existence d'une couche périphérique plus résistante, ralentissant l'action du réactif, et à la destruction de laquelle succède, à peu près instantanément, celle du protoplasma interne plus fluide.

En résumé, chez certains organismes, on trouve au sein d'un protoplasma granuleux et fluide de petites sphères vésiculaires ordinairement arrondies, quelquefois polygonales par pression réciproque et accolées, constituées par une paroi dense contenant un fluide homogène ou granuleux. Lorsque le corps est écrasé, ces éléments saillissent souvent par groupes complexes, agglutinés par la substance interstitielle. Cette constitution peut permettre de comprendre la fluidité du protoplasma interne de ces êtres, coexistant avec des éléments figurés. Les vésicules pourraient être morphologiquement comparables aux logettes de la substance protoplasmique des espèces à endoplasme non fluide, dont elles dériveraient directement par dédoublement des parois. Ainsi que je l'ai montré autrefois, chez certaines espèces, à mesure que l'animal avance en âge, le nombre des vésicules internes augmenterait aux dépens des logettes ectoplasmiques qui diminuent constamment ; elles finissent par constituer la presque totalité du corps. Aussi bien chez les formes dépourvues de liquide interstitiel que chez celles qui en possèdent, toute la substance du corps,

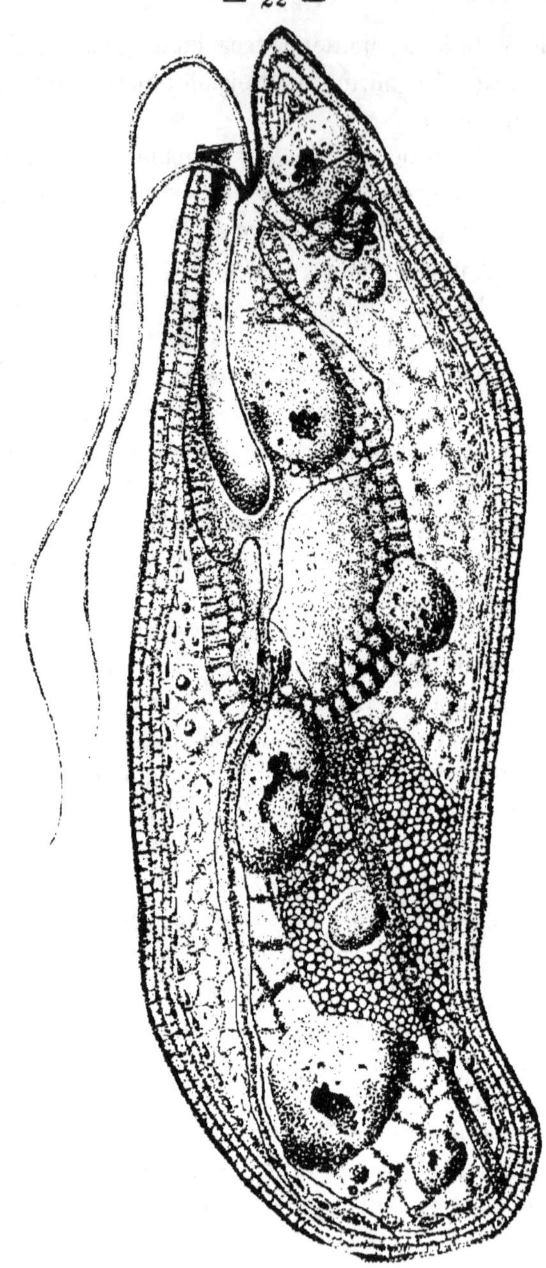

Fig. 10. — *Cryptomonas curvata* montrant la structure alvéolaire de sa substance.

de finement ponctuée qu'elle était, se transforme d'après ce procédé, et on voit alors un protoplasma d'aspect réticulé, ou un ensemble de vésicules, enveloppé d'une cuticule, ou mieux d'une couche alvéolaire surperficielle.

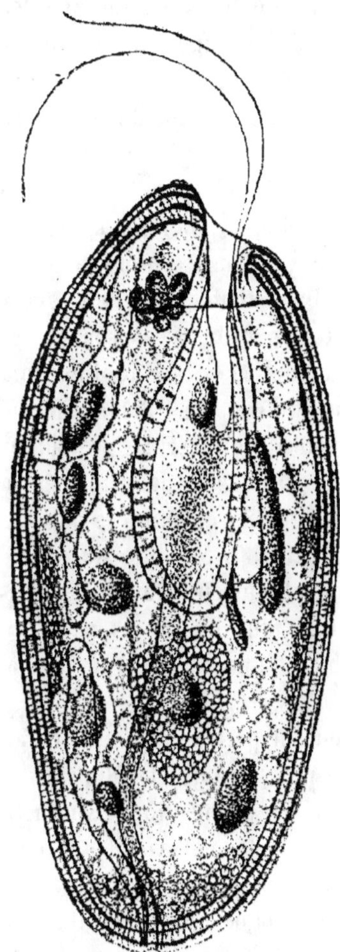

Fig. 11. — *Cryptomonas Giardi.*

Il est un certain nombre de faits de structure du protoplasma vers lesquels l'attention des naturalistes ne s'est jamais fixée. Nous savons que les téguments de certains Flagellés sont constitués par la réunion de lames concentriques entre lesquelles se trouvent des fentes fort minces, divisées en logettes. D'après les vues précédentes, ces alvéoles répondent aux vacuoles protoplasmiques ordinaires, tandis que les lames sont des parois tangentielles épaissies, dont la plus superficielle est la cuticule. Cependant une étude attentive de cette couche cuticulaire la montre en coupe optique, comme légèrement hétérogène. Ses deux faces sont parallèles, et cependant elle produit l'impression d'une sorte de chapelet moniliforme, d'une rangée de petites perles disposées en une couche unique. Peut-être cette apparence offre-t-elle quelque parenté avec les renflements sombres, signalés plus haut, sur les trabécules des grandes alvéoles internes.

Ainsi, le protoplasma présente une structure fondamentale

particulière. Sa substance est constituée par un mélange régulier de parties fluides et de parties moins aqueuses, les premières remplissant de petites cavités circonscrites par les secondes. De cette manière d'être dérivent une foule de modifications, d'aspect souvent peu explicable. Dans cet ordre d'idées je citerai, par exemple, les structures fibrillaires de certains éléments.

Nous avons vu que le protoplasma fluide parait dériver du protoplasma stable par une dissociation régulière en sphérules qui présentent une partie centrale aqueuse, entourée d'une mince enveloppe dense, résultat du dédoublement de la substance compacte qui, dans les tissus ordinaires, sépare les vacuoles. Ce fait pourrait faire admettre que le protoplasma qui constitue ces substances peut être considéré comme formé par la réunion d'une immense quantité de sphérules protéiques d'une extrême petitesse, accolées entre elles pour former la matière compacte. Ces sphérules seraient constituées par une portion périphérique plus réfringente, qui entoure du protoplasma central plus riche en eau et souvent granuleux, intimement accolées et à autonomie plus ou moins nette ou confuse; leur existence est l'objet d'une hypothèse que j'ai publiée dès 1881.

Ce n'est, du reste, pas là la seule hypothèse analogue qu'ait à enregistrer la science. Mais je puis dire que la plupart des vues publiées ne reposent que sur des suppositions hypothétiques et non sur l'observation directe d'éléments visibles et nets.

Le philosophe anglais H. Spencer admet des *unités physiologiques* de constitution hypothétique et occupant une situation intermédiaire entre l'unité morphologique, la cellule et la molécule chimique. Ce seraient des particules vivantes d'une infinie petitesse, susceptibles de se reproduire par division, et les corps vivants seraient l'ensemble constitué par la réunion de ces unités.

Darwin, dans son hypothèse de la pangenèse, admet aussi l'existence de pareils corpuscules, qui auraient la valeur de petits germes, ayant la propriété d'amener l'hérédité et de déterminer la production des cellules. Mais il ne parle pas de la part que ces éléments peuvent prendre à la constitution de la matière vivante.

Hugo de Vries croit aussi à l'existence d'infimes unités vivantes, les *pangènes*, pouvant se multiplier par division et rappelant les germules de Darwin.

Weismann pense que les molécules organiques sont complexes, formées par la réunion de molécules chimiques et constituant des unités vivantes d'une infinie petitesse, les *biophores*.

Les hypothèses précédentes sont d'ordre purement spéculatif. La suivante est, en partie, basée sur l'observation.

Béchamp pense que toute substance vivante est formée par la réunion d'un nombre immense de granulations répandues dans une matière intergranulaire plus ou moins abondante. Il fait jouer à ces granulations, ses *microzymas*, un rôle considérable. Il pense que ce sont là des sortes d'organismes vivants, autonomes, réunis en colonie pour former le corps de tous les êtres. Sous l'influence de causes diverses, un certain nombre d'entre eux pourraient devenir libres, se développer et constituer les germes des maladies, décrites comme des Bactéries pathogènes diverses, qui peuvent amener alors la désagrégation de la collectivité entière, c'est-à-dire la mort de l'individu composé. Cette mort ne serait pas réelle, mais apparente, puisque les éléments du corps primitif continueraient à vivre, en grande partie, et ne seraient autre chose que les Bactéries déterminant la pourriture. Ainsi serait réalisée une sorte de métempsycose; il n'y aurait pas de mort effective et les êtres se transformeraient incessamment les uns dans les autres. Telle qu'elle est présentée, cette hypothèse constitue un contresens biologique, compréhensible de la part d'un chimiste habitué à assister aux transformations et aux dédoublements continuels de la matière, mais qui, de la part d'un naturaliste, constituerait une faute grave. Tous les êtres vivants, y compris les Bactéries, présentent une évolution déterminée et propre; ils naissent d'êtres semblables à eux et en reproduisent d'autres identiques.

Béchamp a probablement vu, plus d'une fois, de véritables sphérules protoplasmiques, et, quand il affirme que tout protoplasma se décompose en corpuscules, il peut avoir raison. Mais son tort, c'est d'accorder à ces corpuscules la valeur morphologique d'une Bactérie, ce qui est la partie de son hypothèse sur laquelle il attache le plus d'importance; la constitution intime du protoplasma en elle-même semble le laisser fort indifférent. De plus, la sphérule n'est pas une granulation placée dans un liquide. Il est très probable que Béchamp n'a jamais reconnu la sphérule dans les tissus mêmes et qu'il ne l'a vue qu'après leur désagrégation. Au sein des tissus, il la confond avec la vacuole centrale; celle-ci contient souvent un granule; il est à présumer que c'est cette granulation, produit de sécrétion de la sphérule, qui constitue assez souvent son microzyma.

Dans mon hypothèse, j'envisageais la sphérule comme un élément anatomique analogue à la cellule, mais d'un ordre inférieur; comme une unité morphologique réelle, jouissant d'une puissance d'évolution propre, capable d'assimiler, de s'accroître et de se diviser, au même titre que toutes les unités vivantes connues, qui toutes possèdent ces propriétés. Par leur réunion, les sphérules constituent le protoplasma qui est — ou non — divisé en cellules qui peuvent donc être comprises comme des sortes de tissus de sphérules. Au point de vue théorique, l'existence de celles-ci est nécessaire, car la cellule est trop complexe pour qu'on puisse expliquer par elle les fonctions élémentaires de la vie; d'un autre côté, les propriétés physiologiques primordiales doivent forcément être liées à des organites et ne sauraient être attribuées ni aux atomes, ni aux molécules. Malgré leur caractère élémentaire, ces organites présentent déjà une foule de différenciations, aussi variées que leurs fonctions elles-mêmes et que la structure, les propriétés et les particularités des cellules qu'ils constituent; ils diffèrent ainsi par leur structure, leur aspect, leur complexité, la constitution de leurs molécules, etc., de façon que leur nombre doit être, en quelque sorte, illimité. Au début, ils ont dû exister isolés, à l'état d'êtres libres et pouvoir se reproduire par division, après nutrition et accroissement préalable. Si l'on admet la vue universellement répandue et analogue que les êtres qui ne présentent pas de cellules sont unicellulaires, c'étaient donc là des êtres *unisphérulaires*, devenus plus tard *plurisphérulaires* (Bactériacées). On pourrait aussi admettre que les structures sphérulaire ou cellulaire n'existent pas partout, et l'on aurait des organismes *acellulaires* ou *asphérulaires*, avec cette différence que la sphérule est bien plus répandue que la cellule, de telle sorte que les êtres unicellulaires sont toujours *plurisphérulaires*. Les premières espèces sphérulaires étaient, sans doute, d'une simplicité primitive, tandis que les suivantes se sont déjà montrées plus compliquées. Les propriétés nouvelles, acquises par l'évolution, peuvent être considérées comme *historiques*, et les éléments qui les possèdent ne sauraient dériver que d'éléments semblables à eux. Les sphérules constitueraient le premier degré de structure du protoplasma, appréciable par nos moyens d'investigation. Si l'on poussait l'analyse plus loin, il est probable qu'on toucherait directement à la constitution chimique, que l'on arriverait à la molécule. Cette molécule, étant donnée la complexité de composition chimique du protoplasma, présente un volume relativement très considérable; on peut admettre que ses dimensions se rapprochent d'un millionième de millimètre de diamètre et que l'atmosphère d'eau qui sépare les unes des autres les différentes molécules constitutives du protoplasma présente une épaisseur analogue. Ce serait l'ensemble de semblables molécules qui constituerait les sphérules qui, elles-mêmes, forment les cellules (1).

---

(1) Dans ce chapitre, certaines vues que leurs auteurs pensent tout à fait nouvelles, basées sur des observations spéciales de quelques naturalistes, tels que Fayot et d'autres, ne sont pas examinées. Les particularités signalées ne doivent, en effet, pas être classées comme des faits de structure proprement dite du protoplasma, mais bien plutôt comme des différenciations particulières, dont l'examen trouvera sa place dans un autre mémoire, en même temps que celui de la genèse et de la signification des différents états fibrillaires, si souvent signalés dans ces dernières années.

II

Division cellulaire.

—

La division cellulaire est le mode de reproduction asexuelle de la cellule. Elle constitue le mode de propagation unique de cet élément (division, bourgeonnement).

Toutes les cellules et tous les tissus du corps des animaux dérivent de la division répétée de l'œuf. Ces divisions sont généralement comparées à la reproduction asexuelle des Protozoaires, avec cette différence que, chez ceux-ci, les produits de la division s'isolent, tandis que les cellules des Métazoaires restent unies en tissus.

La division peut porter sur la totalité de l'élément considéré ou seulement une de ses parties. Le règne organique nous fournit une foule d'exemples de multiplication du noyau sans que le protoplasma y prenne part. Par exemple, chez les Opalines, la *Lieberkühnia* et d'autres, ce phénomène peut s'observer.

D'un autre côté, il peut arriver que ce soit le protoplasma qui se divise en plusieurs parties, alors qu'il n'existe qu'un seul noyau. Des exemples de ces faits sont faciles à trouver chez les Grégarines, beaucoup de Polythalames, où il y a moins de noyaux que de parties.

Le synchronisme entre la division du noyau et celle du protoplasma est cependant à peu près général, et chez les êtres supérieurs il paraît complet, ce qui aboutit à la constitution d'éléments uninucléés (¹).

(¹) Certaines substances chimiques, telles que le chloroforme et l'ammoniaque, ou bien encore l'hydrogène et l'acide carbonique, ainsi que l'a montré Demoar, arrêtent les mouvements du protoplasma, sans exercer la même action sur le noyau en voie de division, ainsi que cela se voit chez le *Tradescantia*. Mais la

La division cellulaire affecte deux aspects principaux : la *division directe* et la *division indirecte*.

La division directe est la moins fréquente ; elle s'observe chez certains êtres inférieurs ou dans les cellules migratrices des organismes plus élevés. Elle paraît être l'apanage des organismes les plus simples ou des éléments les moins différenciés.

Dans les cas les plus simples, le nucléole s'allonge en biscuit à la cuiller et se divise ; puis le noyau se partage aussi, et enfin le protoplasma.

D'autres fois, par exemple chez le *Dactylosphœra polypodia*, on voit aussi le nucléole se diviser d'abord, après allongement, puis étranglement. Puis des bourgeons se constituent à la surface du noyau, qui se pédiculisent, prennent un nucléole et s'isolent pour former des noyaux nouveaux. Finalement, le protoplasma se partage en autant de bourgeons qu'il y a de noyaux, qui se séparent aussi après pédiculisation. Ce processus rappelle donc beaucoup le bourgeonnement.

Ranvier a fait de très intéressantes observations sur ce mode de division. Chez le Triton et l'Axolotl, il a vu les noyaux des globules blancs de la lymphe, pressés, maniés et remaniés, comme une pâte molle, par les contractions du protoplasma, offrir une foule de formes sous cette pression, puis finir par se diviser. Ces observations expliquent la forme bourgeonnante de ces noyaux.

Ces divisions ont toujours pour point de départ la division du nucléole, et elles paraissent commandées par ce corpuscule. Il peut cependant arriver, par un manque net de synchronisme, que son impulsion soit insuffisante pour déterminer la division du noyau. J'ai constaté nettement ce fait chez certains

---

membrane cellulaire ne se forme alors pas, ce qui paraît bien montrer que la division du corps protoplasmique est due au protoplasma lui-même, mais aussi que la division nucléaire en est indépendante, grâce à l'action des centrosomes. Cela démontre aussi que le fuseau achromatique, ainsi que je l'ai dit depuis longtemps, est d'origine nucléaire. Il paraît donc y avoir une sorte d'indépendance fonctionnelle entre le noyau et le protoplasma.

Protozoaires *(Cryptomonas ovata, Phacus pleuronectes)*, et il serait facile de multiplier les exemples.

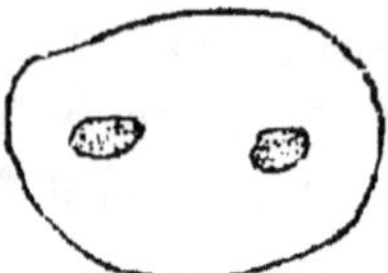

Fig. 12. — Noyau à deux nucléoles des *Cryptomonas curvata (major)*.

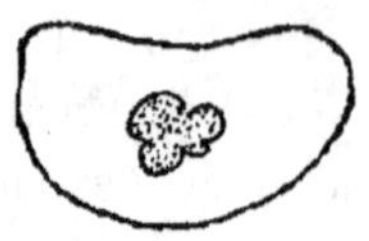

Fig. 13. — Noyau de *Cryptomonas ovata* montrant quatre lobes inégaux.

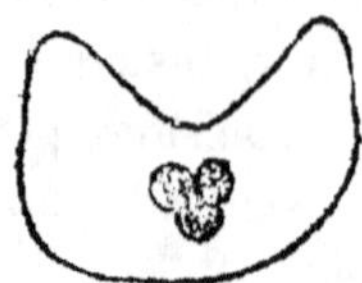

Fig. 14. — Noyau du même présentant trois lobes.

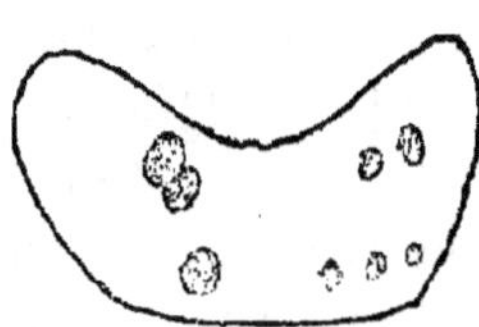

Fig. 15. — Noyau du même montrant plusieurs nucléoles de dimensions différentes.

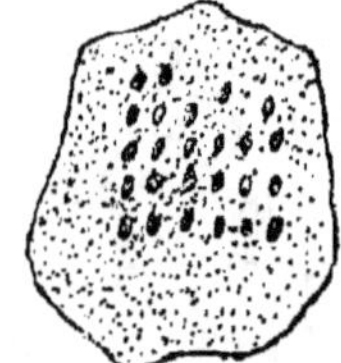

Fig. 16. — Noyau de *Phacus pleuronectes*, contenant un grand nombre de nucléoles en files.

La *division indirecte* est connue sous des dénominations diverses, *karyokinèse, cytodiérèse, mitose*, etc. Les naturalistes qui accordent un rôle prépondérant au noyau l'appellent karyokinèse, tandis que ceux qui y voient surtout un phénomène protoplasmique préfèrent l'expression de cytodiérèse. Dans ce mode de bipartition, qui s'observe chez les éléments fixes, le noyau ne se divise pas simplement ; sa substance subit des transformations spéciales. Les phénomènes nucléolaires me semblent cependant encore le point de départ de tout le processus ; mais la manière dont le nucléole se comporte est à la fois moins simple et moins facile à observer.

Ce processus, comparé au précédent, était d'abord caractérisé par la croyance que le noyau primitif disparaissait et que deux noyaux filles se régénéraient par une sorte de genèse nouvelle au sein du protoplasma. Cette vue était basée sur l'observation du phénomène à l'état vivant, où, en effet, il est fort difficile de voir ce qui se passe. Mais bientôt on a découvert que cette disparition n'était qu'apparente, et qu'elle dissimulait un ensemble de phénomènes des plus complexes.

Le schéma de la division indirecte, tel qu'il est établi aujourd'hui, présente les caractères saillants suivants.

Au début du phénomène, le nucléole pâlit et disparaît plus ou moins rapidement. Le processus exact de cette disparition n'est pas connu. Peut-être n'est-ce là qu'un pâlissement et non une disparition réelle. On admet vaguement que sa substance s'élimine par une sorte de fusion ou de résorption dans la matière constitutive du noyau, pour nourrir, en quelque sorte, les anses chromatiques.

Dans le protoplasma cellulaire apparaît un corpuscule particulier, très difficile à voir, de structure et de volume variables suivant les cas considérés, le *centrosome*.

L'origine et la valeur morphologique de cet élément sont des plus controversés. Pour les premiers auteurs, c'est là un organite permanent de la cellule, organite dont l'existence a été méconnue. Telle est l'opinion de Van Beneden et Neyt et d'une foule d'autres. On a, en effet, souvent rencontré des centrosomes dans des cellules à l'état de repos, ce qui a entraîné l'opinion de la masse des naturalistes. Très récemment encore, Moore en montre dans des cellules à l'état de repos, sous forme d'une masse globuleuse, d'où irradient des rayons plasmiques et ressemblant à s'y méprendre à certains noyaux vitellins du Géophile.

D'après des recherches plus récentes, les centrosomes ne séjourneraient pas constamment dans le protoplasma. Ces éléments n'apparaîtraient qu'au moment de la division pour servir de centres directeurs à ce phénomène, avec lequel ils naîtraient et disparaîtraient et dont ils sont les agents les plus importants.

Chez les Salmonides, les choses ne semblent pas se passer ainsi. Il paraît plutôt — quoique le fait soit bien difficile à observer et à bien établir — que le centrosome n'est autre chose que le résultat de la division du nucléole primitif au sein du noyau. Chez ces Poissons, le nucléole est très petit. Dans certains cas, il paraît s'allonger, s'étrangler, pour finir par se diviser en deux nucléoles secondaires, très près de la membrane nucléaire. Quelquefois même, par des divisions répétées, il semble se former trois ou quatre de ces corpuscules. L'un de ces nouveaux éléments, le proximal, paraît pâlir progressivement et disparaître par résorption, tandis que l'autre, le distal, repousse devant lui la paroi du noyau, la perfore, ou s'entoure peut-être de la portion correspondante de celle-ci, et devient le centrosome. S'il en est ainsi, ce n'est donc pas le nucléole primitif qui dirige la division. Je dois, toutefois, ajouter que j'ai, à diverses reprises, observé des symptômes de cet exode sans pouvoir relever aucune trace de division préalable, tandis que dans un cas il m'a au contraire paru que les deux moitiés, issues de la division du nucléole, sortaient du noyau par des points différents de la membrane.

Julin pense que le nucléole se résorbe, au début de la division, dans la charpente chromatique du noyau; puis que le centrosome se forme, dans le corps cellulaire, aux dépens de tout ou au moins d'une partie de la substance de ce nucléole. Cette opinion est basée sur les réactions analogues de ces deux corps vis-à-vis des réactifs colorants. Il fixe les éléments par le liquide de Flemming et les colore par la méthode de triple coloration (safranine, violet de gentiane, orange). Ce procédé établit un contraste net entre la chromatine, d'une part, et les nucléoles et les centrosomes, d'autre part. La chromatine devient rouge, pourpre ou violette, coloration due à la gentiane. Les nucléoles et les centrosomes sont rougeâtre pâle ou rouge brunâtre pâle, grâce à l'orange. Il y a donc des différences de réaction entre la chromatine et ces corps, qui se comportent comme la paranucléine ou pyrénine. Après la division, le centrosome rentre à l'intérieur du noyau, où il se résorbe. Puis, aux dépens d'une partie de la chromatine jeune du noyau entrant au repos, il se régénère, contre la membrane nucléaire, un nouvel élément paranucléinien, le nucléole, qui se colore comme le centrosome. Le centrosome ne persiste généralement comme tel, pour provoquer une nouvelle division, que quand, entre deux mitoses, il n'existe pas de phase de repos intermédiaire, comme c'est le cas des deux divisions consécutives de maturation de l'œuf, ou quand cette phase de repos est tellement courte que les cellules filles s'accroissent peu ou point, comme c'est le cas pendant les premières phases de segmentation de l'œuf.

Le centrosome existe aussi chez les Protozoaires, et Guignard a établi sa présence dans la cellule végétale.

La constitution du centrosome est encore insuffisamment connue, et les descriptions qu'on en donne sont fort peu concordantes. Pour la majorité des observateurs, c'est un corpuscule globulaire auquel ils n'assignent aucune structure déterminée, tandis que d'autres y reconnaissent un nodule central, entouré d'une zone corticale. Le corpuscule central est le centrosome proprement dit, et la zone périphérique enveloppante, contenant ce corpuscule, correspond à la *sphère attractive* de Van Beneden. Le corpuscule central ou *zone médullaire* de Van Beneden peut être constitué par un amas de granulations, ou bien n'être pas visible, et l'on perçoit alors cet élément sous l'aspect d'une sphère claire et homogène.

Le centrosome est une portion du nucléole, formée par la division de celui-ci, et la couche corticale n'est autre chose que la zone claire que j'ai déjà signalée dans diverses formes animales et qui entoure normalement le nucléole de ces êtres.

Mais à cela ne se borne pas la complication de cet organite. Tout autour de la zone corticale se voit très fréquemment une masse protoplasmique réticulée ou granuleuse, dans laquelle il est, le plus souvent, excentriquement placé. Cette masse est l'*archoplasma* des auteurs, plus correctement dénommée, avec Benda, *archiplasma*. Elle ne semble être autre chose qu'une portion du réseau achromatique du noyau, emportée avec le corpuscule nucléolaire, lors de l'espèce de division nucléaire à laquelle celui-ci doit son exode. L'archiplasma

peut être plus ou moins volumineux ; il est souvent peu visible
et peut même paraître ne pas exister. C'est un amas de
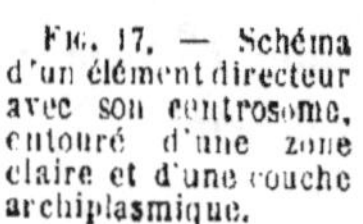
protoplasma, souvent grossièrement granu-
leux, qui existe aussi chez certains Protozoaires.

Une fois sorti du noyau, l'élément migrateur
s'étale souvent à la surface de ce corps et se
moule sur son contour extérieur. Les choses
se passent comme s'il avait à surmonter une
certaine résistance de la part du protoplasma
cellulaire. Il arrive ainsi à présenter fréquemment la forme
d'un croissant à surface convexe périphérique et à surface
concave proximale. D'ailleurs, il ne reste pas longtemps indivis

Fig. 17. — Schéma
d'un élément directeur
avec son centrosome,
entouré d'une zone
claire et d'une couche
archiplasmique.

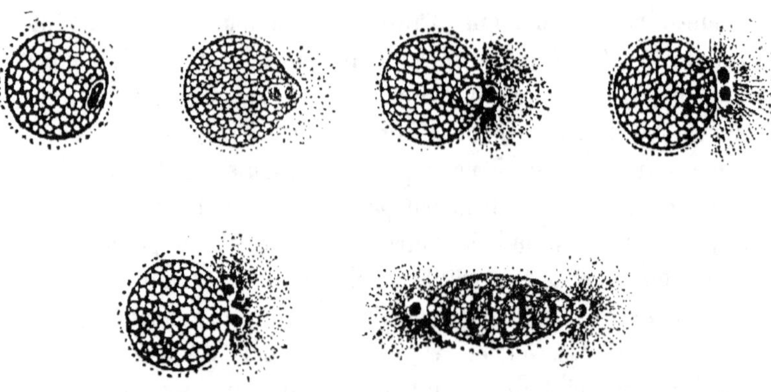

Fig. 18. — Stades théoriques du mécanisme de la division mitotique. On voit d'abord le
noyau, avec son réseau, dont le nucléole s'allonge pour se diviser ; puis exode et division du
centrosome, suivie de la division des sphères attractives ; enfin, stade du spirem.

et ne tarde pas à se partager en deux moitiés qui s'éloignent
l'une de l'autre, en cheminant dans le périplaste *(monoplaste)*,
pour se rendre aux deux pôles opposés du noyau. Leur nouvelle
position détermine le futur plan de division de la cellule
qui sera perpendiculaire à la ligne qui joint leurs centres.

Les éléments du noyau s'orientent rapidement par rapport
à ces corps. — Les deux organites de nouvelle formation

correspondent aux périplastes filles *(diplaste)* de Vejdovsky ou aux sphères attractives de Van Beneden.

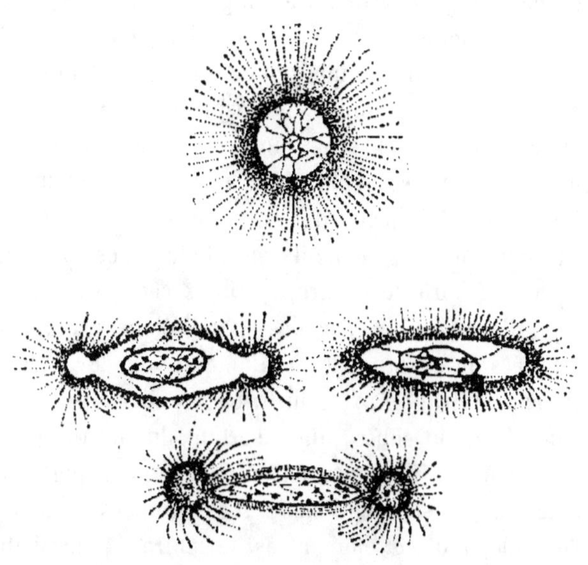

La manière précise dont la division du centrosome s'opère est encore peu étudiée.

Pour certains observateurs, cette division est un étranglement pur et simple, tandis que pour d'autres il y a là un processus assez compliqué.

Le phénomène débuterait par la bipartition du nodule central; puis l'enveloppe s'organiserait en un certain nombre de corpuscules allongés, dits *bâtonnets primaires*. Ces derniers éléments ne tarderaient pas à se fendre, suivant leur axe longitudinal, en *bâtonnets secondaires*, qui se séparent les uns des autres et vont former deux amas correspondant aux deux moitiés issues de la division du corpuscule central.

Ces différents stades ne sont pas faciles à retrouver chez les Salmonides. La division porte d'abord sur la masse interne; l'espace central, d'aspect plus clair et vésiculeux, semble se

dédoubler, de façon qu'on perçoit l'existence de deux parties
analogues dans le même corpuscule qui, pendant ce temps,
prend l'aspect d'un fuseau strié longitudinalement. Puis se
produit un étranglement externe et un allongement suivi d'un
étirement de la couche périphérique, qui se fait souvent de
telle manière que, sans doute en raison de sa ténacité, elle
s'étire en un filament plus ou moins long, reliant les deux
bouts renflés. Ce processus paraît, du reste, être le même dans
la division du nucléole primitif. — Ces corps, étant capables de
se diviser, sont bien des éléments morphologiques spéciaux.

En se séparant l'un de l'autre, les deux centrosomes resteraient unis, d'après Julin, par des granulations protoplasmiques, disposées en un faisceau de filaments qui deviendrait le
futur faisceau central ou axial du fuseau de division.

Au moment où le centrosome, sortant du noyau, pénètre
dans le protoplasma, il se manifeste un phénomène particulier.
Au sein de celui-ci se voient des lignes irradiées formant un
ensemble étoilé, dont cet élément est le centre, et qui, d'abord
courtes et peu visibles, s'accentuent progressivement et vont
s'étendre jusqu'à la limite du corps cellulaire. Le figure ainsi
formée constitue un aster protoplasmique, dû à une action particulière des centrosomes sur le protoplasma. Les expériences de
Bütschli ont nettement confirmé et donné une base expérimen-
tale à la théorie de la production de ces figures rayonnantes,
que j'ai publiée en 1882 et que j'ai rappelée dans le chapitre
précédent. Elles sont dues au raidissement des parois latérales
des alvéoles du protoplasma, qui se continuent en séries
rayonnantes jusqu'aux limites de l'endoplasme. On les considère quelquefois comme l'expression de phénomènes de mouve-
ment (?). Déjà avant la division, lorsque le noyau paraît encore
à l'état de repos, il n'en exerce pas moins une certaine action
sur le protoplasma, qui montre déjà un vague rayonnement
analogue.

Le centrosome paraît exercer, suivant les cas, son action
avec plus ou moins d'énergie. Il peut arriver que cette action

soit très limitée, ou, au contraire, qu'elle soit des plus éner-
giques et qu'elle s'étende à tout le protoplasma. La modalité
de son influence varie aussi : si, en effet, son résultat est de
provoquer généralement des lignes rayonnantes, je n'en ai
pas moins remarqué, quelquefois aussi, une tendance à la
formation de couches concentriques. Mais ce cas est rare et
ne se remarque guère chez des éléments très actifs. Son action
sur la sphère qui l'enveloppe est aussi assez variable; sa
division a, dans la règle, pour suite celle de cette sphère. Mais
on peut aussi rencontrer deux centrosomes dans un seul archiplasma (Van Beneden, Flemming, Kölliker, O. Schultze, Van
Bambeke, Van der Stricht, Boveri, Henneguy, Prenant, Nicolas,
Guignard, Schottländer, etc.). Il peut donc se diviser avant
celui-ci ou même sans que celui-ci se divise. — Dans le cadre
de la variabilité d'action du centrosome, on peut citer les cas
où il exerce sur le protoplasma environnant une action qui
l'entoure d'une zone particulière et différenciée de celui-ci,
phénomène qui semble surtout se produire quand l'archiplasma
est très réduit. La masse et les caractères de cette zone de
protoplasma modifiée sont des plus variables, tant chez des
espèces distinctes que chez les individus d'une même espèce.

Lorsque le centrosome se divise, il provoque le dédoublement de l'aster, et il se constitue un *dyaster* ou *amphiaster*
protoplasmique. Les deux moitiés, en s'éloignant l'une de
l'autre, produisent, en quelque sorte, un double centre
d'action sur le protoplasma, dont l'effet aboutit à la constitution des deux asters. Dès 1882, j'avais déjà signalé, au
moins partiellement, ce processus en ces termes : « J'ai principalement observé la marche de cette division sur des cellules
embryonnaires de Truite (2e et 3e jours)... le phénomène
débute par l'apparition de lignes rayonnantes au sein du protoplasma cellulaire, qui s'étendent d'une étroite zone un peu
plus claire, entourant le noyau, à la périphérie de la cellule...
Lorsque l'aster commence à se diviser, la bande claire qui
entoure le noyau disparaît, mais, près des deux pôles opposés

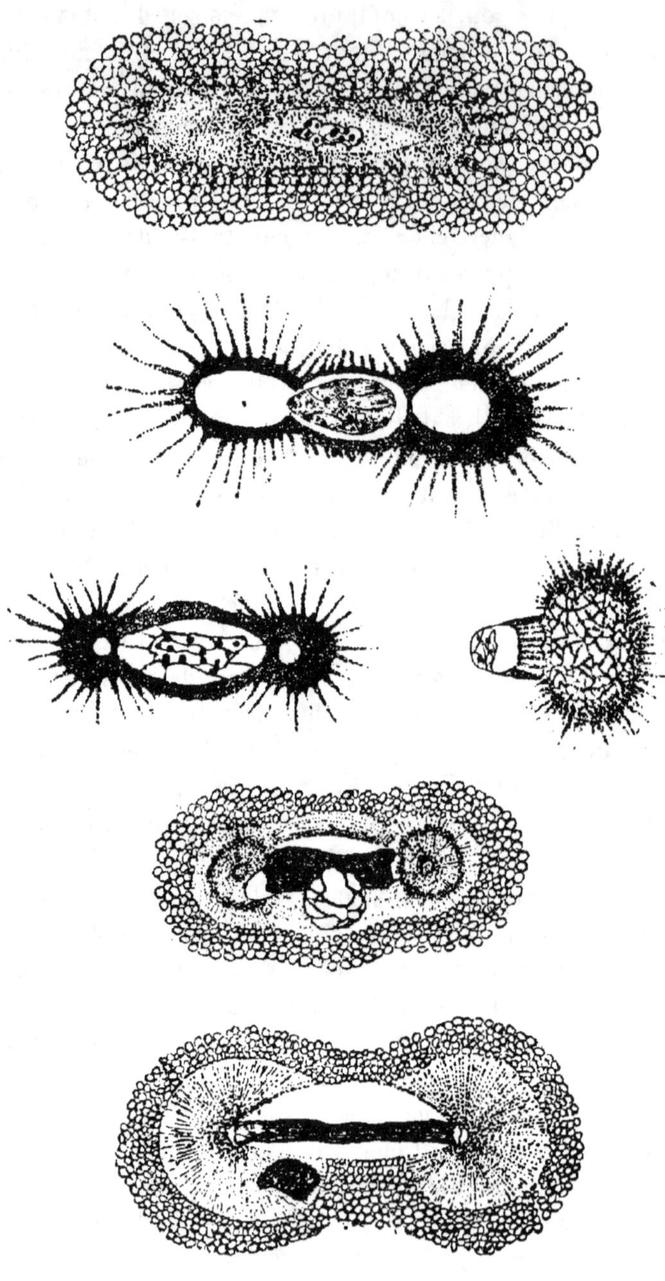

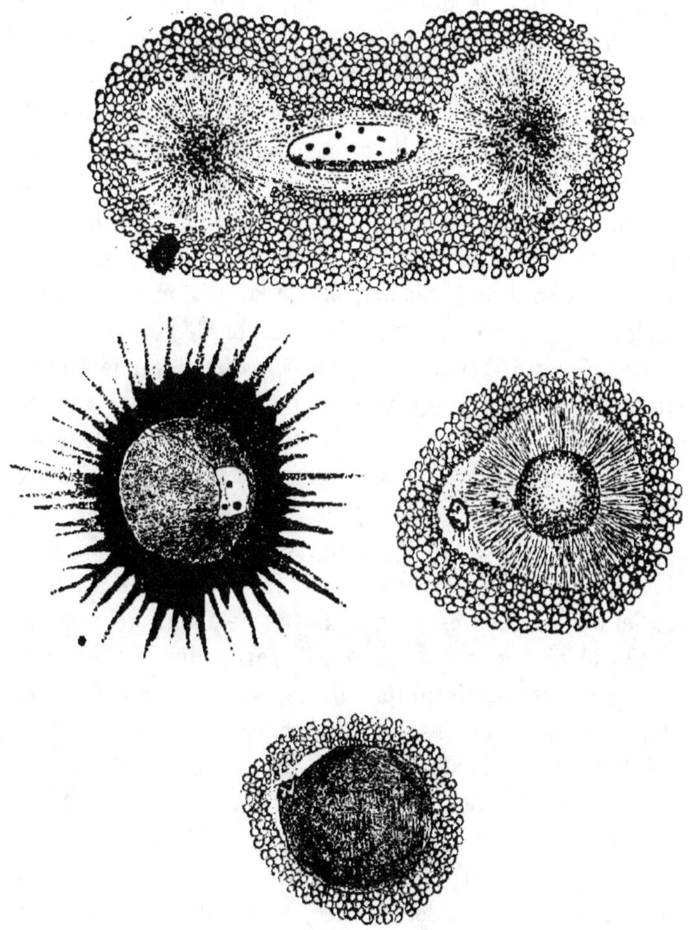

Fig. 20, 21, 22, 23, 24, 25, 26, 27, 28, 29. — Stades divers de la division cellulaire.

de cet organe, il se forme, sur une ligne perpendiculaire au futur plan de division de la cellule, un petit espace arrondi, clair, d'où partent, comme de deux centres, les rayons des deux asters nouveaux ; les choses se passent comme si la zone claire, point de départ primitif des rayons de l'aster, s'était divisée en deux moitiés qui seraient allées se placer aux deux pôles du noyau en entraînant avec elles les extrémités centrales des rayons qui en partent. »

Dans une communication à l'Institut, H. Fol attribue à Boveri et Ed. Van Beneden la découverte du fait que le partage des centres kinétiques est le point de départ de la division cellulaire. Le travail de Boveri, publié en mai 1887, avance textuellement que la division cellulaire se produit après que les centrosomes se sont divisés. Dans leur Mémoire, présenté à l'Académie belge le 6 août 1887, Ed. Van Beneden et Neyt affirment que les sphères d'attraction et les corpuscules centraux déterminent le phénomène de la division cellulaire.

Vejdovsky revendique, contre l'affirmation de Fol, la priorité de cette découverte, énoncée dans son travail sur le *Rhynchelmis*. Dans une récente note, il montre, de plus, que les sphères attractives et les corpuscules centraux de Van Beneden ne sont autre chose que ses *périplastes filles*. Les deux moitiés du périplaste (diplaste) lui paraissent, en effet, s'amasser aux pôles, autour des centrosomes. (Voir fig. 20 à 29.)

Quoi qu'il puisse en être de ces questions de priorité, le fait essentiel de ces vues est que le noyau cellulaire ne doit pas être considéré comme la première partie qui montre des tendances à une division prochaine, et que c'est dans le protoplasma qu'on en observe les premiers symptômes, par sa disposition autour de deux centres extranucléaires, dus à une division préalable. Ces résultats sont contenus, en grande partie, dans les lignes reproduites plus haut.

Le protoplasma qui entoure les sphères attractives paraît de plus en plus sous leur dépendance, augmente de quantité et les éloigne donc progressivement du noyau. Le phénomène rappellerait une sorte de « cristallisation » du protoplasma autour de deux centres, avec une augmentation progressive de la masse qui les entoure, d'où une séparation naturelle en deux portions, d'autant plus accentuée que les deux centres s'éloignent plus l'un de l'autre. Dans ce processus, les figures radiées paraissent se repousser, d'où doit résulter nécessairement la division du corps cellulaire en deux masses.

Les rayons qui se dirigent du côté du noyau sont les plus

forts; ils s'allongent au fur et à mesure que la distance du centrosome à ce corps augmente par l'interpalation progressive de protoplasma. La plus grande partie, ou tout au moins la couche superficielle, en paraît constituée par l'enveloppe périplastique du noyau, qui a acquis une apparence fibreuse.

Le noyau, au repos, a un contour net et présente un reticulum sans orientation déterminée. Cet état d'indifférence cesse au moment de la division, et le réseau nucléaire subit de profonds changements, sur lesquels les auteurs sont loin d'être d'accord.

D'après Henneguy, chez la Truite, dont il décrit le noyau au repos comme possédant un réseau formé de granulations irrégulières, ce réseau se fragmente en petits corps.

Mais le plus généralement il se forme dans le noyau un cordon de substance chromatique, le *filament chromatique,* qui s'offre d'abord à la vue sous l'aspect d'une sorte de réseau grossier et des plus irréguliers dû à ses entrecroisements, mais qui bientôt se dispose plus régulièrement et s'enroule, en général, en une sorte de peloton à disposition dominante spiralée, et qu'on appelle un *spirem.* Le filament tire son origine des granulations et des trabécules de chromatine, d'abord irréguliers, qui se dessoudent, s'égalisent et se réunissent à la périphérie en un cordon hélicoïdal unique (¹).

Ce cordon, appliqué contre la membrane du noyau, plus ou moins sinueux, arrive bientôt à décrire un certain nombre de sinuosités très marquées, à convexité interne, et ne touchant plus à la membrane nucléaire que par leurs points de continuité.

Le filament chromatique ne tarde pas à se fragmenter en

(¹) Brauer, dans la division des spermatogonies de l'*Ascaris megalocephala*, a observé que le premier symptôme du phénomène consistait dans l'alignement des grains de chromatine en une double rangée médiane. Le début du stade spirem montre donc une sorte de dédoublement que l'on peut rapprocher de certains faits que Flemming a décrits dans la *division hétérotypique.* L'afflux progressif de microsomes renforce cette formation filamenteuse qui, chez la variété *univalens,* se divise en deux, et chez la variété *bivalens,* en quatre segments.

tronçons, aux points où il touche la membrane du noyau. Les parties ainsi formées sont les *chromosomes;* elles ont la forme d'anses, à convexité dirigée vers le centre du noyau et à extrémités périphériques touchant à la membrane. Divers auteurs, entre autres Vejdovsky pour le *Rhynchelmis,* ont démontré que les chromosomes ne sont pas toujours chromophiles; dans l'expulsion des globules polaires de cet organisme, ce sont des granulations réfringentes non colorées.

Le nombre des chromosomes est soumis à des règles fixes.

Tous les éléments d'un même individu et de la même espèce présentent un nombre identique de ces corps; il est différent de celui des espèces voisines.

Ces *chromosomes primaires* ne sont pas des filaments homogènes et continus de chromatine; ils présentent une structure vue et décrite par divers auteurs. Ainsi Strassburger, Guignard et Carnoy ont établi qu'il y existe des disques alternativement sombres et clairs et imitant une sorte de striation transversale régulière. Outre cette striation, Carnoy leur décrit encore une membrane enveloppante formée de plastine. Pour Renaut « les trabécules du réseau chromatique du noyau sont formés par des granules de chromatine disposés en série et formant un filament en tire-bouchon. » Il y a longtemps déjà, Schultze a vu que, chez les Noctiluques, les chromosomes sont formés de sphérules.

Chez les Salmonides, le noyau, à l'état de repos, présente la structure typique. Sa membrane est régulière et formée de substance achromatique; elle est en continuité directe avec les trabécules du réseau interne, dont elle n'est que la couche la plus superficielle un peu épaissie et raidie. Cette charpente achromatique contient le long de ses trabécules des granulations chromatiques. Ces microsomes émigrent progressivement vers la périphérie et vont s'amasser à la face interne de la surface nucléaire. Ce phénomène présente peut-être une analogie plus ou moins complète avec ce qui se voit pour les déplacements des renflements protoplasmiques qui s'observent sur les pseudopodes de certains Rhizopodes. Les microsomes chromatiques constituent, en effet, des renflements plus ou moins analogues. Le résultat de ce processus n'est plus, ici, la formation d'un cordon spiralaire continu. Il se produit simplement des points globuleux, épaissis, plus tingibles, ou des bâtonnets droits ou un peu courbes, éparpillés à la surface du noyau. Dès 1882, j'ai décrit à ces bâtonnets une structure aréolaire concordant avec l'existence de disques alternativement sombres et clairs vus depuis par Carnoy, Guignard, Strassburger, Renaut et d'autres. Je conçois le phénomène comme un épaississement des parois de certaines alvéoles ou de certaines séries linéaires d'alvéoles, qui, sous l'influence de l'apport de protoplasma chromatique, s'épaississent, et dont la cavité devient relativement moindre. Du reste, en général et chez d'autres espèces, les chromosomes m'ont souvent paru être formés de sphérules entourées par une fine membrane.

Il se constitue ainsi des dépôts superficiels de chromatine, des points plus denses et plus colorés que le réseau avoisinant qui existe toutefois avec ses caractères primitifs et qui ne se fragmente aucunement, ainsi que l'ont avancé certains auteurs.

Les chromosomes, quelle que soit leur forme, anses, bâtonnets ou corps globulaires, quittent leur siège primitif et se rapprochent du centre, où ils finissent par former une masse plus coloriée que le reste du réseau nucléaire. Ils se constituent ainsi, suivant l'équateur du noyau, une *plaque nucléaire mère* ou *plaque équatoriale* ou *étoile nucléaire mère*, dans laquelle les anses chromatiques sont disposées suivant un plan transversal unique, les bouts libres dirigés vers la périphérie et les parties courbes vers le centre. Ainsi se trouve constituée une figure étoilée, plane, perpendiculairement à l'axe longitudinal du noyau.

En même temps que ces phénomènes se passent, l'aspect général du noyau subit de profonds changements. Les contours de cet élément, qui, à l'état de repos, sont fort nets, deviennent moins apparents, et je ne saurais guère mieux faire comprendre ce qui s'observe qu'en comparant le noyau normal à un kyste d'amibe, à parois minces, mais distinctes, et le noyau en voie de division, à l'amibe elle-même avec ses limites peu nettes. La ressemblance devient du reste d'autant plus grande qu'à un certain stade cet élément change effectivement de forme et que sa substance se montre contractée et irrégulière. La formation du centrosome peut déjà être comparée à une sorte de genèse pseudopodique.

Puis les pseudopodes se rétractent et le noyau devient sphérique, contracté, pour s'allonger bientôt en un corps fusiforme.

Il apparait, à ce moment, dans le domaine du noyau une figure achromatique ayant la forme d'un fuseau constitué par des filaments achromatiques allant de la plaque étoilée chromatique aux deux centres attractifs polaires. Il existe là un ensemble de filaments, constitué par la substance achromatique du noyau organisée en fibres longitudinales, rappelant la forme d'un tonnelet, plus visibles que les rayons protoplasmiques, sorte de fuseau renflé au milieu où se trouve la plaque équatoriale, qui constitue le *fuseau nucléaire* ou *de division*. Ce fuseau nucléaire est lui-même contenu dans une gaine fusiforme formée de fins filaments achromatiques qui ne sont, sans doute, que le reste du périplaste. Il existe donc deux fuseaux distincts et emboîtés, l'un formé par le réseau nucléaire, l'autre par la couche périplastique.

La manière dont se forme ce fuseau n'est pas encore bien établie. On admet généralement que la membrane du noyau disparaît et que les stries qui partent des sphères attractives pénètrent peu à peu dans la substance de ce noyau, qu'elles traversent pour aller aboutir à l'étoile mère. D'autres fois, on admet aussi que c'est la partie achromatique du noyau qui s'organise, de manière à prendre un aspect strié longitudinalement, et dont l'ensemble formerait le fuseau.

Dans ce processus, j'ai observé la formation, aux deux pôles du noyau, d'une dépression dans laquelle se prolongent les rayons correspondants des asters, dépression qui devient irrégulière et de plus en plus profonde. On distingue alors la plaque chromatique située dans le plan équatorial et, de chaque côté, le réseau achromatique. Ce dernier diminue peu à peu jusqu'au moment où les filaments aboutissent à l'étoile nucléaire, et tout le noyau, membrane comprise, se transforme ainsi, à l'exception des chromosomes qui forment la plaque équatoriale. Il est probable que ce résultat est obtenu parce que ce réseau s'organise progressivement de manière à constituer des rangées en continuité avec les rayons des asters jusqu'à l'achèvement du fuseau, et que c'est sous la forme de dépressions polaires s'accentuant progressivement que le phénomène se produit. Cette interprétation découle nettement de mes anciennes observations.

Le phénomène apparaît aussi de telle sorte qu'il se pourrait que la disparition du réseau clair puisse être attribuée à une sorte de condensation de sa substance, à sa confusion avec la masse centrale, au point d'y disparaître, en même temps que les cavités polaires augmenteraient de plus en plus au point d'envahir la totalité du noyau. Ce processus est moins probable.

La marche générale de la division karyokinétique, étudiée dans la succession des phénomènes, peut amener à une conception assez particulière du rôle des différentes parties de la cellule. Les centrosomes semblent exercer une action considérable sur le protoplasma ; celui-ci s'amasse autour d'eux avec plus ou moins de force, suivant qu'ils ont eux-mêmes conservé plus ou moins d'énergie. Il en est dont l'action est très faible et n'intéresse qu'une faible part de la masse protoplasmique, quelquefois presque nulle, tandis que d'autres polarisent énergiquement toute la masse jusqu'aux extrêmes limites de la cellule. Par cette action, manifestée par des lignes rayonnantes, quelquefois aussi concentriques, l'on voit le protoplasma se partager en deux masses à centre distinct, ce qui constitue une division interne, après laquelle la division externe n'a plus que peu d'importance, et qui, du reste, n'aurait pu tarder à se produire. Il est à remarquer que dans ce phénomène de reproduction agame des éléments cellulaires, ce sont uniquement les centrosomes qui, de toutes les autres parties du noyau, paraissent agir. Les chromosomes, au contraire, semblent une partie inutile, qui est de plus en plus repoussée par le protoplasma qui s'amasse autour du nucléole jusqu'à l'extrême limite de chaque cellule nouvelle, c'est-à-dire à leur plan de division. Dans cette reproduction agame, on constate donc une sorte d'expulsion de la partie chromatique du noyau; le centrosome paraît l'élément essentiel, directeur de la division. La chromatine paraît avoir un tout autre rôle, et elle ne rentrera dans la cellule qu'après l'achèvement du phénomène. La variabilité de la position du centrosome montre qu'il est bien distinct du noyau. Si, en général, il va se loger à l'intérieur de celui-ci, sous forme de nucléole, il n'en est pas moins avéré qu'il peut aussi séjourner dans le corps cellulaire. Par la formation de la plaque équatoriale, la partie chromatique est expulsée temporairement du corps cellulaire; la formation du cordon chromatique lors du stade de spirem peut donc être comprise comme un commencement de ce phénomène, par lequel la matière chromatique est d'abord rejetée à la périphérie du noyau. — Il est, toutefois, important de remarquer aussi que dans certaines divisions cellulaires, par exemple dans la formation des globules polaires des Ascidies, on n'a pu observer les centrosomes, qui paraissent ne pas exister là. Il serait donc aussi soutenable que les phénomènes mitotiques du noyau se produisent d'une façon autonome.

La constitution de la plaque équatoriale est variable. Dans la majorité des cas, on y trouve des anses à branches rayonnantes; mais elle peut aussi être d'une simplicité élémentaire. La larve de Salamandre présente un exemple de ce genre. La plaque équatoriale est réduite à un simple filament moniliforme, formé de sphérules régulières, alignées en une file unique.

Les anses chromatiques primaires deviennent doubles en se divisant, suivant leur axe longitudinal, en *anses secondaires*, qui constituent deux groupes ou deux *plaques nucléaires filles*, les *plaques polaires*, formées de *chromosomes secondaires*, dont le nombre est donc double de celui des chromosomes primaires, et qui sont identiques entre eux.

Cette division longitudinale des chromosomes primaires est une conséquence directe de leur structure aréolaire. Chaque alvéole se divise; mais comme ces éléments sont disposés en une file sériaire, il en résulte que la division de l'ensemble est longitudinale, quoique en réalité ce processus ne diffère pas de ce qui se voit dans la division cellulaire elle-même. Si, au lieu d'être complexes, les chromosomes étaient des éléments simples, cette division serait des plus normales. C'est, du reste, ce qui se voit chez la larve de la Salamandre, où les sphérules isolées qui forment la plaque équatoriale se divisent en deux moitiés suivant l'axe de la série qu'elles constituent. Certains naturalistes ont avancé que cette scission était déjà préparée dans le spirem et ont admis au sein de celui-ci l'existence d'une fente longitudinale plus ou moins nette. Cet aspect de fente se voit dans toutes les formations contenant des alvéoles en séries, et cette observation ne sort pas du cadre des faits déjà mentionnés. Un examen attentif permet, en effet, de constater que ces cavités axiales ne sont pas continues et qu'elles sont subdivisées par des cloisons transversales.

Les chromosomes secondaires des plaques polaires changent d'orientation et dirigent, de chaque côté, leur portion convexe vers le centrosome correspondant. Puis ils cheminent peu à peu vers ceux-ci. La manière dont ce déplacement s'exécute est encore obscure. On pense généralement que, si les chromosomes secondaires s'éloignent les uns des autres, cela est dû à la contraction des fibres du fuseau nucléaire. Strassburger admet une interprétation différente. Pour lui, c'est là une locomotion active des chromosomes s'opérant sur les fibres, et les centrosomes n'auraient qu'une action excitatrice sur ce phénomène. C'est dans les cas très simples, comme chez la larve de Salamandre, ou même chez les Salmonides, qu'on peut le mieux observer le phénomène. Il m'a semblé, dans ces cas, que la division de l'étoile mère en deux étoiles filles n'est pas un phénomène isolé, comme on paraît le penser communément ; il y aurait des divisions ultérieures d'un caractère différent. La première division donne lieu à des produits identiques, qui ne tarderaient pas à se dédoubler eux-mêmes en parties qui ne conserveraient pas le même aspect. Tandis que la partie située du côté du centrosome conserverait son aspect primitif, celle de la périphérie amincirait ses parois alvéolaires et les raidirait suivant une direction perpendiculaire au plan de division de manière à les transformer en éléments filamenteux spécialisés, alors que la partie interne resterait renflée, active, en quelque sorte embryonnaire. Il se formerait ainsi, à partir de ce plan, des séries longitudinales d'alvéoles plus pâles que les plaques, mais plus colorées que la partie achromatique, qui se trouvent toujours aux extrémités, chacun de leurs dédoublements successifs donnant naissance à une plaque périphérique chromatique et à une partie interne, s'organisant en manière de filament d'aster et plus claire, et ainsi de suite. Les deux plaques polaires sont ainsi reliées l'une à l'autre par des rayons rappelant ceux des asters, mais un peu plus nets ; par les progrès de ce processus, elles finissent par arriver au contact des sphères attractives, et prennent, en se moulant sur eux, une forme concave, tout en restant encore reliées par leurs rayons *(figure pectinée)*. Cette figure montre, chez les Salmonides, un amas de chromosomes en bâtonnets, de dimensions et de configuration assez variables, orientés parallèlement suivant le grand axe de la cellule, de manière à rappeler les dents d'un peigne. Cet amas de chromosomes ne tarde pas à se tasser, en quelque sorte, et à former un corps compact, moulé sur le centrosome, et l'englober plus ou moins, à la manière d'une calotte. Ce corps compact est alors constitué de sphérules arrondies, qu'on peut désigner sous la dénomination de *cytomérites*, et qui s'accroissent et envahissent de plus en plus la surface du centrosome qui paraît y disparaître par englobement. Les sphérules se multipliant par division, le noyau augmente de volume, et, finalement, par une transformation vésiculaire de ces sphérules, le réseau normal du noyau avec ses points nodaux se trouve reformé. Par cette métamorphose vésiculaire, la masse du noyau s'éclaircit. Il est possible que ce soit là la raison pour laquelle le nucléole deviendrait visible et ne serait autre chose que le centrosome à l'état de repos.

Dans les cas où les chromosomes ont la forme d'anses, je n'ai pas vérifié l'existence de ces bipartitions successives. Par analogie, il peut paraître cependant probable qu'elles existent.

Quant aux filaments du fuseau nucléaire primitif, ils paraissent disparaître par une sorte de coalescence progressive avec les plaques polaires qui récupéreraient donc d'un côté ce qu'elles perdent de l'autre. Dans cette marche vers les pôles, le fuseau achromatique paraît donc se rétracter activement. C'est le stade de la *métakinèse*, dans lequel il existe deux figures nucléaires étoilées, le *diaster* nucléaire, situées parallèlement. Dans leur parcours en sens inverse du trajet de l'étoile primitive, ces étoiles filles aboutissent au centrosome; elles constituent alors des spirems filles et enfin des noyaux à l'état de repos, avec leur réseau caractéristique. En un mot, les différents stades sont parcourus en ordre inverse. A ces derniers stades fait suite la division du protoplasma cellulaire par un étranglement qui pénètre de l'extérieur vers l'intérieur, en même temps que disparaissent les productions filamenteuses diverses, dont il a été question. — Dans les cas où cet étranglement manque, il se constitue des cellules plurinucléées.

Watasé conçoit la division mitotique d'une façon toute spéciale. En fixant les éléments par le réactif picro-osmique et en colorant par de la fuchsine acide, le centrosome et les cytomicrosomes du corps cellulaire se colorent d'une façon identique, tandis que les trabécules protoplasmiques qui relient ces microsomes, ainsi que les fibres du fuseau, restent peu ou point coloriés. Les dimensions des microsomes augmentent de la périphérie vers le centre. De là, il admet que le centrosome est simplement le corpuscule le plus interne et le plus gros des cytomicrosomes, dont les rangées radiaires forment les asters.

Le centrosome serait donc simplement un microsome gigantesque, point nodal de rencontre de toutes les fibres radiaires du protoplasma.

Quant à l'origine des cytomicrosomes, il admet, ainsi que je l'ai montré depuis longtemps, qu'ils se forment comme des varicosités des fibrilles protoplasmiques, ou bien comme des épaississements des points nodaux.

Pour cet auteur, lorsque les fibres du fuseau sont parallèles, il se constitue, dans le plan de division, comme premier indice, une rangée de *microsomes équatoriaux*. Mais lorsqu'à la période d'étranglement ces filaments convergent, il se forme une sorte de corpuscule plus gros que Flemming a appelé *corps intermédiaire*, mais qui, se formant de la même façon que le centrosome, est plutôt un *centrosome intercellulaire*.

Dans la formation des globules polaires du *Rhynchelmis*, les plaques nucléaires, mère et filles, sont dépourvues d'affinités pour les substances colorantes. Cet exemple, déjà cité, pourrait être fortifié par une foule d'autres. Kœhler et Bataillon ont montré que, dans l'œuf de la Vandoise, le noyau ne renfermait pas d'éléments chromatiques, et que le protoplasma se distingue vivement par sa coloration du noyau resté relativement très pâle. Même dans les fuseaux de division, il n'y a pas de granulations chromatiques, et les centrosomes seuls sont un peu plus colorés. Tels sont les caractères des premières sphères de segmentation, et il faut attendre la fin du premier jour pour trouver, dans certaines karyokinèses, quelques grains bleus extrèmement fins qui constituent les premières plaques équatoriales. Plus le temps progresse et plus ces réactions s'accentuent. Henneguy et Sabattier nous avaient déjà fait savoir que les noyaux des premiers stades embryonnaires sont difficilement colorables.

Chez les Salmonides, ainsi que l'a déjà fait remarquer Henneguy, les cellules embryonnaires sont colorées fortement et en totalité. Par les progrès de l'évolution, ces éléments augmentent de nombre et diminuent de volume, et l'action des réactifs se localise de plus en plus sur le noyau.

C'est donc là une propriété chimique acquise qui ne semble avoir rien d'essentiel. Les choses se passent comme si les propriétés chromophiles étaient d'abord réparties dans toute la cellule et qu'elles s'en détachent progressivement pour se localiser dans le noyau. — Un fait analogue se passe pour les Bactériacées qui se colorent aussi *in toto*, d'où l'on a voulu tirer la conclusion que ces êtres étaient des noyaux ambulants. L'observation précédente réduit cette déduction à sa juste valeur (¹).

Kœhler et Bataillon ont décelé dans le protoplasma des cellules des éléments particuliers. Ce sont des sphérules chromophiles, à teinte d'autant plus foncée que leurs dimensions sont plus réduites. Les sphérules les plus volumineuses différencient, au sein de leur masse plus pâle, des grains plus petits, très foncés, qui sont éliminés dans le protoplasma ambiant. Ce sont ces grains qui semblent être la source des éléments chromatiques du noyau. Ces grains chromophiles paraissent représenter l'état le plus jeune sous lequel la substance chromatique se manifeste dans les cellules. Ils sont probablement les homologues des *grains rouges* des organismes inférieurs.

Brass avait signalé ce fait depuis longtemps ; cet auteur a vu son *plasma de nutrition* élaborer ces granulations colorables, et ce n'est que là qu'elles se formeraient. Ce plasma transmettrait ces granules au réseau du noyau, et ce serait là l'origine de la chromatine nucléaire. Ce fait est corroboré par l'observation que les premières sphères de segmentation, pleines de matières nutritives, se colorent en masse. La substance chromatique ne paraîtrait donc être qu'une réserve nutritive qui s'est amassée dans le noyau, qui peut manquer, et dont la quantité n'est pas plus constante que la qualité ; elle serait donc comparable au contenu intestinal ou au chyle des organismes.

(¹) Les éléments des premiers stades de développement et les êtres les plus inférieurs jouissent donc d'une propriété identique, qui a donné lieu à bien des interprétations diverses.

Les figures chromatiques peuvent manquer; elles présentent toutes les variations; les figures achromatiques, qui sont d'origine réellement protoplasmique, ne manquent jamais dans les divisions indirectes.

La tingibilité du nucléole est aussi des plus variables, depuis des proportions minimes jusqu'à une sélection énergique; elle diffère, du reste, de celle de la chromatine, vis-à-vis de certains réactifs.

Les cellules jeunes et vigoureuses ont un protoplasma granuleux; leur noyau se colore vivement et montre un réseau chromatique fort développé. Au contraire, dans les cellules différenciées et bien adaptées à des fonctions spéciales, qui doivent donc être nourries par leurs voisines, par exemple, les cellules nerveuses, le protoplasma est peu granuleux et le noyau se colore difficilement. On y trouve un filament chromatique rudimentaire. Par conséquent, pour bien voir les filaments chromatiques des noyaux, il est préférable de s'adresser à des individus bien nourris, ou même qui viennent de manger. La coloration énergique est une preuve de force et de vitalité, la cellule se nourrissant par elle-même. En anatomie pathologique, un noyau qui se colore mal appartient à un élément peu résistant. Aussi, les éléments différenciés résistent-ils mal aux maladies.

La constitution du protoplasma, telle qu'elle est exposée plus haut, peut contribuer à jeter quelque lumière sur le mécanisme de la division cellulaire. Chez le *Spirillum tenue* (*Compt. rend.*, 17 novembre 1887, etc.), lorsque le nombre des logettes qui constitue son corps et qui se multiplient par division, atteint certaines limites, l'être se divise lui-même. Puis les alvéoles se multiplient de nouveau et le même phénomène se renouvelle, et ainsi de suite. N'est-il pas admissible que la multiplication des alvéoles protoplasmiques des cellules puisse avoir une influence analogue, et, après qu'elle a abouti à un certain chiffre, déterminer la division?

III

Division des Protozoaires.

———

Les Protozoaires se reproduisent asexuellement par division.

La division qui a été observée chez presque tous les Protozoaires est transversale, longitudinale ou même oblique. Elle s'observe chez tous les Infusoires, chez les Monères, chez beaucoup de Rhizopodes et de Flagellés. Jamais elle n'avait été vue chez les Grégarines jusqu'au moment où j'ai établi le fait pour le *Diplocystis Schneideri* jeune et un parasite de la pleurésie chronique, aussi à l'état jeune. La reproduction par bourgeonnement est aussi fort répandue.

Le noyau paraît manquer chez les Monères ; il est absent chez les Protéromonadiens. Chez tous les autres Protozoaires, cet élément existe, soit isolé, soit en un nombre variable, souvent des plus considérables, chez le même individu. Sa constitution est souvent vésiculaire ; il y a une membrane, un suc nucléaire et un ou plusieurs nucléoles ; çà et là, on a observé une sorte de réseau. D'autres fois, il est homogène.

Chez la plupart des Infusoires, la disposition est compliquée. On sait que ces organismes, à l'état adulte, sont plurinucléés. Dans les cas les plus simples, il n'existe que deux noyaux qui sont alors différents entre eux, l'un relativement grand, l'autre plus petit et accolé contre le premier ou logé dans une dépression spéciale de celui-ci. Ce sont le *noyau* proprement dit (macronucléus) et le *nucléole* ou *noyau accessoire* (micronucléus). Il n'existe que peu d'espèces d'Infusoires manquant avec certitude de ces deux sortes de noyaux. Mais, chez les autres Protozoaires, on ne rencontre que le noyau proprement dit, contenant à son intérieur un nucléole ordinaire, comme dans les éléments cellulaires ordinaires.

Chez les Infusoires, le noyau proprement dit est généralement unique ; mais il peut présenter une structure tellement variable, avoir des formes si diverses qu'on a souvent cru à l'existence de deux ou plusieurs noyaux. Il varie depuis la forme globuleuse simple, jusqu'à une division en nombreux articles. Il possède une membrane propre, quelquefois peu visible, ou qui peut même manquer, et, dans quelques cas (Stylonichies, Vorticelles), elle est séparée de la substance nucléaire par une zone claire et fine. Autour de cette membrane, on observe souvent une zone claire analogue à celle qui se voit autour de certains noyaux cellulaires. L'*Hoplitophrya Legeri*, par exemple, présente cette zone périplastique d'une manière des plus nettes.

Le type vésiculeux est fort rare chez les Infusoires, dont la structure est généralement compacte et remplissant tout le noyau. Qu'il soit condensé — et plus sombre à l'état vivant, que le protoplasma — ou qu'il le soit moins — et plus clair que celui-ci — sa substance présente toujours une constitution alvéolaire fort nette, qui ne sort pas du cadre des faits dont j'ai donné la description plus haut. La coupe optique offre un aspect réticulé à points nodaux un peu épaissis et plus colorables, formant des microsomes qui peuvent aussi se trouver placés sur les trabécules eux-mêmes. Le contenu des alvéoles est clair, probablement liquide, peu colorable, et le réseau se colore le plus. Quelquefois cependant les nucléochylèmes paraissent constituer des bâtonnets plus solides et plus colorables (Nyctothères). Autrefois, on ne voyait que les microsomes, et la substance nucléaire était décrite comme finement granuleuse. C'est le cas de tous les auteurs, jusqu'en 1883, où Leydig avança que le noyau des Infusoires présentait une structure spongieuse. En 1884, Jickeli y décrivit un reticulum délicat et une substance fondamentale achromatique, et, à la même époque, Carnoy y vit aussi une structure réticulée.

Récemment, Grüber, dans ses recherches sur le *Chilodon curvidentis*, et Stein et Schneider, pour l'*Anoplophrya branchiarum* (*circulans* Balb.) et le *Nyctotherus cordiformis*, ont avancé que la substance du noyau était constituée par la réunion de sphérules serrées, petites et très tingibles *(chromatosphérites)*. Cet aspect particulier n'est pas si fondamentalement différent du précédent que le sembleraient croire ces observateurs. On a simplement affaire là à des nucléochylèmes solides, et il existe cependant une substance fondamentale réticulée entre les corpuscules.

Le noyau du *Stylonichia mytilus*, comme celui de toutes les Oxytrichines, est formé de deux articles à peu près égaux, unis par une membrane commune hyaline, paraissant quelquefois séparée de la membrane nucléaire par une zone claire et

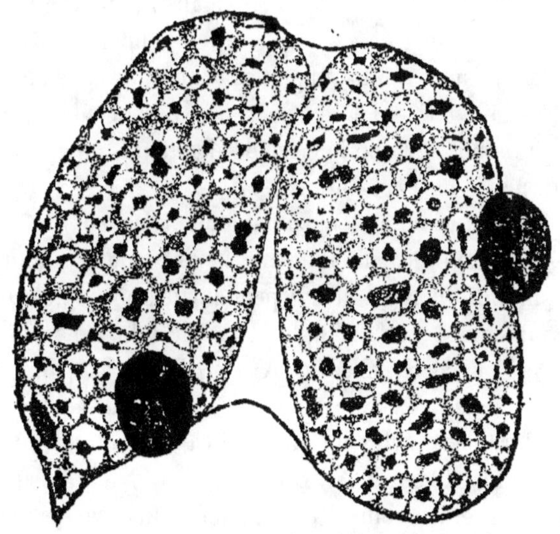

Fig. 30. — Noyau de *Stylonichia mytilus*.

d'autres fois plutôt appliquée directement sur cet élément. Chaque article est pourvu d'un petit noyau accessoire. On y distingue facilement une foule de globules sombres, plus colorés, de volumes variables et contenus dans des espaces vésiculaires plus clairs, aux parois desquels ils sont reliés par de fins et délicats prolongements radiaires, de sorte que ces cavités sont divisées en alvéoles, disposées autour d'eux en une couche unique. Les parois de ces vésicules se continuent avec le reticulum du reste du noyau ; elles peuvent ne contenir aucun corpuscule, et alors on n'observe qu'un fin réseau. Les corpuscules chromophiles sont eux-mêmes hétérogènes. Les plus petits ne paraissent présenter qu'une seule vacuole centrale peu visible, et passant insensiblement aux parois plus denses ; les gros sont plurialvéolaires, à cavités aussi fort diffuses ; les points nodaux où aboutissent les cloisons radiaires paraissent comme plus condensés. On a donc,

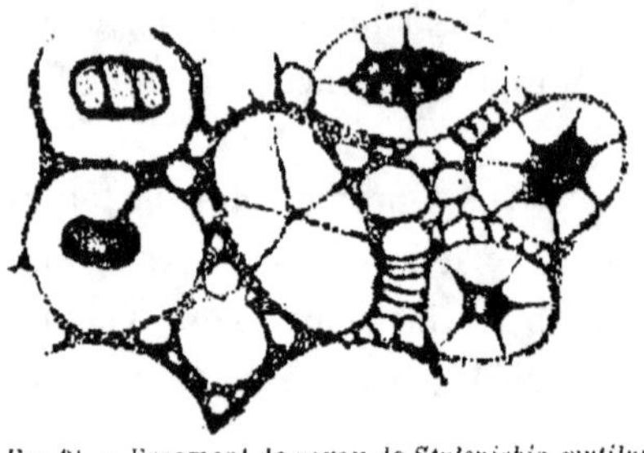

Fig. 31. — Fragment de noyau de *Stylonichia mytilus* très grossi.

chez cet organisme, un noyau pourvu de corpuscules de réserve épars, qui caractérisent l'état de repos, corpuscules multiples qui disparaissent lors de la période d'activité, au moment où le réseau prend l'aspect fibreux.

Cette constitution diffère notablement de ce qui se voit chez les autres Ciliés, dont le noyau présente d'habitude un réseau simple. On rencontre cependant des exemples plus ou moins analogues, par exemple, chez certaines Vorticellines. Nous avons déjà vu chez le *Nyctotherus cordiformis* une masse fondamentale avec une foule de bâtonnets plus ou moins colorables, sortes de nucléochylèmes solides, les *chromatosphérites*. Chez le *N. Duboisii*, il y a une disposition intermédiaire entre celle-ci et celle des Infusoires en général. La structure de la masse fondamentale est finement alvéolaire, mais, dans certaines alvéoles agrandies, on trouve des corpuscules plus colorables. — Chez le *Chilodon* et le *Spirochona gemmipara*, le noyau présente l'aspect d'une cellule complète, avec son protoplasma, son noyau et son nucléole.

Chaque Infusoire présente un noyau — rarement plusieurs — dans une excavation duquel se trouve souvent logé un corps minuscule, le noyau accessoire ou nucléole, qui est indépendant de la charpente du noyau. Cet élément existerait bien plus souvent qu'on ne le croit, et il n'y aurait que certaines espèces multinucléées et quelques Opalines qui en soient réellement dépourvues; il ne se colore que fort difficilement, et passe ainsi fréquemment inaperçu. Tandis que, en général, il n'y a qu'un seul noyau, le nucléole montre une tendance à la multiplication et très souvent on constate la présence de nombreux nucléoles. Les petites espèces, qui n'ont qu'un noyau de constitution simple, n'en présentent qu'un seul. Au contraire, chez les grandes formes, à noyau complexe, articulé, en chapelet, etc., il y en a souvent un par article. Comme, en dehors de la division des Infusoires, on n'a jamais vu la bipartition des noyaux accessoires, leur multiplicité ne laisse pas que de présenter un côté assez énigmatique.

Ronds, ovales, quelquefois fusiformes, les dimensions des noyaux accessoires varient de un à dix μ; ils sont entourés d'une membrane délicate et anhyste à laquelle, contrairement à ce qui se voit pour les noyaux, ils sont souvent fixés par un point, et, quand un réactif a eu pour effet de la détacher, on constate que le contenu y est excentriquement fixé. Souvent, leur substance paraît homogène, et alors ils apparaissent comme des corps plus ou moins sombres et un peu brillants, ce qui caractérise l'état de repos. D'autres fois, on y voit un fin reticulum. Dans les grands éléments, à membrane soudée, on observe souvent deux segments, l'un tingible (chromatine), l'autre incolore (achromatine). Le segment chromatique est plus ou moins strié longitudinalement, présentant des fibres fines ou grosses, souvent granuleuses, quelquefois variqueuses, car elles sont unies par des trabécules transversaux. Chez la Paramœcie, la partie achromatique montre aussi une pâle fibrillation.

C'est sur les nucléoles des Ciliés qu'en 1858 Balbiani, pour la première fois, a observé les premiers stades de la karyokinèse, sans se rendre suffisamment compte de la signification réelle du phénomène.

Lors de la division des Infusoires, dans les cas où les noyaux ont une forme allongée, lobée ou en chapelet, etc., le phénomène est précédé par un retour de ces éléments à une forme simple plus ou moins globuleuse ou ellipsoïdale, et ils se disposent de manière à ce que leur grand axe soit perpendiculaire au futur plan de division de ces êtres. Puis, ils reprennent leur configuration primitive et ils finissent par s'étrangler par leur milieu, de telle sorte que, dans la division, le noyau parcourt des stades qui rappellent le développement de l'adulte. Les noyaux simples, pour se diviser, s'allongent en bande se rétrécissant au milieu; par les progrès de cet allongement, la portion rétrécie devient souvent très longue et filiforme, pour finir par se déchirer, et alors les deux bouts filiformes sont rétractés chacun dans son noyau respectif.

Quant aux nucléoles, certains auteurs ont avancé qu'avant la division ils se fusionnaient entre eux, comme cela arrive pour les noyaux des cellules multinucléées, affirmation démentie par d'autres. Leur division, comme celle de tous les éléments en voie de division, débute par une augmentation de volume; ils deviennent plus clairs et moins condensés. Cette dilatation, médiocre dans la division ordinaire, est plus considérable dans la conjugaison. Puis ils se transforment progressivement en fuseaux nucléaires.

R. Hertwig et R. Bergh ont bien étudié cette division, l'un chez les Paramœcies, l'autre, chez l'*Urostyla grandis*. Les premières indications du phénomène se voient dans les deux nucléoles, qui forment des fuseaux, et même, chez l'*Urostyla*, se divisent avant que le noyau ne montre le moindre symptôme d'étranglement. En même temps paraît se produire l'ébauche d'une nouvelle bouche. Le noyau s'allonge, s'étrangle et se divise en deux autres noyaux dont chacun se rend dans la partie du corps où il devra rester. Cette division provoque l'étranglement de l'Infusoire, qui se scinde en deux, à peu près en même temps que le noyau. La division du noyau ne commencerait donc à s'effectuer qu'au moment où le corps de l'Infusoire commence à s'étrangler. Il semblerait donc que le premier rôle appartient au nucléole, tandis que celui du noyau serait plus passif.

Dans ce processus, la structure finement alvéolaire du noyau devient toujours fibreuse; lorsque cet élément est encore sphérique ou ovale, les fibres sont très irrégulièrement entortillées et forment un peloton, modification de la structure alvéolaire qui existe normalement chez les Dinoflagellés. Quand, dans le noyau au repos, il existait des corpuscules plus ou moins colorables, tels que ceux cités plus haut, on n'en voit alors plus aucune trace. Il est probable que ce sont là des sortes de matières de réserve qui passent dans le reticulum. Lorsque le noyau s'allonge, les fibres se disposent longitudinalement, quoique d'une manière un peu irrégulière. Puis l'étranglement commence, et plus il est avancé, plus, dans les deux nouveaux noyaux, les fibres retournent à l'état de peloton, et, après l'achèvement de la bipartition, on retrouve la structure finement alvéolaire. Dans cette division, le noyau des Infusoires ne dépasse donc pas le stade du peloton de la karyokinèse. C'est là une sorte de division directe.

Chez les Opalines, la division nucléaire est connue d'une manière fort détaillée. On y remarque des phénomènes rappelant absolument ceux de la division indirecte des noyaux des cellules ordinaires. Les noyaux, au repos, présentent le reticulum ordinaire irrégulier, avec plusieurs nucléoles. Les nucléoles (ordinaires) tendent à disparaître peu à peu; il se forme un spirem, puis une plaque équatoriale, formée de chromosomes en anse, à convexité tournée vers le centre. En même temps s'organise un fuseau nucléaire, formé de filaments allant des pôles du noyau à l'étoile mère. A ce moment, les nucléoles ont disparu. Les anses se dédoublent longitudinalement, et tournent leurs convexités vers les pôles, où elles se rendent. A ce stade s'observe une différence avec la division nucléaire ordinaire. Dans celle-ci, le noyau nouveau se constitue aux dépens des plaques polaires qui s'unissent à la sphère attractive et les filaments qui relient les deux plaques disparaissent. Ici, ces plaques restent complètes et il n'y a pas de filaments achromatiques entre les deux moitiés; elles cheminent simplement dans le réseau achromatique, et, à la fin du processus, le noyau se divise en deux par étranglement.

Dans les nouveaux noyaux apparaissent bientôt de nouveaux nucléoles, situés dans la partie achromatique. Puis les anses subissent une métamorphose régressive et le reticulum se reforme, de façon qu'on ne peut plus distinguer deux portions, l'une chromatique, l'autre achromatique. Les nucléoles sont donc, ici, des éléments existant à l'état de repos et se constituant dans la partie dépourvue de substance achromatique.

Il est à remarquer que les Opalines possèdent une foule de noyaux (macronucléus) et que la division de ces éléments ne détermine pas celle du corps.

Dans le bourgeonnement des Noctiluques, la division du noyau présente une marche un peu différente. Cet élément, observé récemment par Ishikawa, est une vésicule claire, dans laquelle les réactifs décèlent de nombreuses granulations, unies en files rectilignes ou courbes ou ayant la configuration de la lettre S. On en voit qui sont isolées ou réunies en groupes de deux ou de quatre, ce qu'on explique par une scission préalable longitudinale. Il existe environ dix de ces cordons ou groupes. Au début du bourgeonnement, on observe, serré contre le noyau, une grosse masse de protoplasma archiplasmique, à gros granules, munie d'un centrosome qui ne tarde pas à se diviser, ainsi que bientôt aussi l'archiplasma en montrant une structure fibreuse. Aux pôles du fuseau nucléaire s'amassent les granulations chromatiques tout contre la membrane enveloppante. Puis le noyau s'allonge. Les parties chromatiques des deux pôles se partagent longitudinalement; les centrosomes et leur archiplasma se divisent aussi, et il peut même arriver que la division des centrosomes soit poussée plus loin. Le noyau, en voie de division, montre une structure double, rappelant la division qui se voit après la fécondation. Autour des archiplasmas, le protoplasma rayonne.

IV

Genèse des éléments reproducteurs.

Le *sperme* est un liquide complexe, résultant du mélange du produit des testicules avec des sécrétions de glandes voisines; il sert de véhicule au véritable élément fécondateur, le *spermatozoïde*. Celui-ci est le plus petit élément du corps.

La connaissance de l'existence des spermatozoïdes date de 1677. Elle est due à un étudiant de Dantzig, élève de Leeuwenhoek, Louis Hamm, qui communiqua sa découverte à son Maître. Celui-ci vérifia la présence de ces éléments dans le sperme d'un grand nombre d'animaux et les considéra comme de petits animaux, d'où il les appela *verss permatiques*. C'est, du reste, sur une pareille interprétation qu'est basée la dénomination actuelle de *spermatozoaires*.

De tout temps, certains auteurs ont été portés à attribuer aux spermatozoïdes une structure plus ou moins complexe. Déjà Spallanzani, observant les éléments séminaux de la Salamandre, a distingué à la surface de leur prolongement caudal des ondulations, et a admis l'existence, de chaque côté de la queue, d'une rangée de cils vibratiles. Il a, du reste, été dépassé dans cette voie par Rudolph Wagner qui figura même ces cils.

Ehrenberg (1830) croyait leur avoir vu une sorte d'orifice buccal ou suçoir, situé dans la tête, et, tandis que les recherches de Lallemand et de Kölliker démontraient que c'étaient là des éléments dont la constitution pouvait être ramenée à celle d'une cellule munie d'un filament locomoteur, Pouchet (1847) leur décrivit un tube intestinal, et Gerber allait jusqu'à leur attribuer des organes génitaux.

Le premier, Siebold a reconnu que les prétendus cils vibratiles des Urodèles (Triton) n'étaient autre chose qu'un filament marginal rabattu le long du prolongement caudal. Il ne reconnut cependant pas l'existence d'une membrane reliant ce flagellum à la queue; il croyait, au contraire, qu'il s'enroulait autour de celle-ci, tandis que Czermak montra bien que ce filament n'était jamais que d'un seul côté de la queue, et, sans voir la membrane, il conclut à son existence. Pouchet et Amici étaient déjà arrivés à la même conclusion.

En 1865, Schweigger-Seidel a montré que la queue des spermatozoïdes des Mammifères est formée de deux parties, le *segment intermédiaire* et la queue proprement dite. Ce segment intermédiaire, d'ailleurs peu distinct, est plus épais que le reste de l'appendice; il se comporte différemment vis-à-vis des réactifs. La teinture d'iode, par exemple, le colore plus vivement que la tête et la queue. Il a démontré, chez le Pinson [*Fringilla cœlebs*], l'existence d'un filament central et d'un filament périphérique spiralé.

Leydig a décrit aux spermatozoïdes des Reptiles une membrane ondulante; chez le Pelobate, il a vu un fin rebord spiral.

Chez les Insectes, Bütschli a vu une queue formée de deux filaments, l'un droit, l'autre à nombreuses ondulations, seul contractile et n'entourant probablement pas le premier.

Ces faits ont été revus par La Valette Saint-Georges (1874).

A la même époque, Eimer découvrit le filament axial de la queue des spermatozoïdes, enveloppé d'une couche corticale. Il attira l'attention sur un espace étroit qui existerait entre la tête et le segment intermédiaire, auquel il a donné le nom de *cou*. Cet espace peut être invisible; mais toujours il en existe un semblable, fort net, entre le segment intermédiaire et le segment principal. Le cou n'est donc autre chose que le filament axial libre de toutes parts; Eimer croyait que ce filament pénétrait dans la tête. Cet auteur a aussi attiré l'attention sur une striation transversale des spermatozoïdes du Lapin, du

Cobaye, de la Souris, du Chien, de l'Hermine, du Chat et de l'Homme.

Il a fait une autre observation de haut intérêt. Dans les deux tiers inférieurs de la tête du spermatozoïde du *Synotus barbastellus*, et dans la moitié supérieure de ceux du *Plecotus auritus*, il a vu, sur la surface plate, une division en bandes successives, plus claires et plus sombres. —Le fait a, du reste, été décrit chez d'autres Mammifères par Vallentin, Hartnack, Grohe et d'autres.

Von La Valette Saint-Georges, chez les Anoures, retrouva le filament axial et une membrane ondulante, à bord libre en filament. Il étudia aussi les Insectes *(Phratora vitellinae)*.

Jensen, imitant Schweigger-Seidel, a traité les spermatozoïdes par la glycérine étendue, et vit, ainsi que Leydig et A. Von Brunn, le segment intermédiaire présenter une fine striation transversale. Il étudia le Rat, les Anoures et les Poissons et arriva à démontrer que cette striation était le résultat de l'existence d'un filament spécial, enroulé autour du filament axial, qu'il parvint même à détacher. L'observation directe peut déjà amener à cette conclusion par le fait que la striation du segment intermédiaire, vue par la face supérieure, alterne avec celle de la face inférieure.

Dans la Raie, il vit le segment principal formé de deux filaments dont l'un s'enroulait autour de l'autre; chez le Rat, le segment intermédiaire lui parut aussi se diviser en fins filaments, observation confirmée par Niessing, qui crut que la striation était l'apanage des éléments en voie de maturation et que cette disposition disparaissait, plus ou moins, chez les éléments mûrs.

Gibbes et Krause décrivirent à la queue du spermatozoïde humain une fine membrane ondulante.

En 1881, Retzius démontra que la queue des zoospermes présentait une partie inconnue jusqu'alors, et qu'elle se divisait en un *segment principal*, formant la majeure partie de cet appendice, et en un *segment terminal*, mince et court.

J'ai décrit une terminaison analogue aux fouets vibratiles de certains Flagellés.

Pour Brunn, ce segment terminal n'est autre chose que le bout libre du filament axial qui parcourt toute la queue et qui déborde le manteau pour saillir seul, en arrière.

Depuis 1886, Ballowitz a fait sur les spermatozoïdes une série de recherches du plus haut intérêt, dans lesquelles il a pu confirmer les résultats de ses prédécesseurs, les préciser et y ajouter des faits nouveaux.

On sait que les oiseaux présentent deux sortes de spermatozoïdes. La tête de ceux des chanteurs est en tire-bouchon. Le segment intermédiaire est très long. Il a vu le segment principal se décomposer en fines fibrilles. Le filament axial est constitué de deux fibres parallèles, formées elles-mêmes par un faisceau de fibrilles élastiques de la plus grande finesse. Les autres oiseaux, par exemple le Coq, ont une tête simple, une queue très courte, rarement droite, ordinairement irrégulière, avec des incurvations multiples et des ploiements à angles brusques. Il y a un petit segment intermédiaire et pas de segment terminal.

Dans le segment terminal de beaucoup de Mammifères (1890), Ballowitz vit une division en quatre fibres qui, elles-mêmes ne lui parurent pas simples. Contrairement à l'opinion d'Eimer, il avance que le filament axial ne pénètre pas dans la tête ; au-dessous de celle-ci, il se termine en un et quelquefois deux boutons réfringents.

En résumé, les spermatozoïdes ont généralement une forme générale filiforme, caractérisée par un bout renflé, ovalaire, contenant le noyau, la *tête* et une *queue*

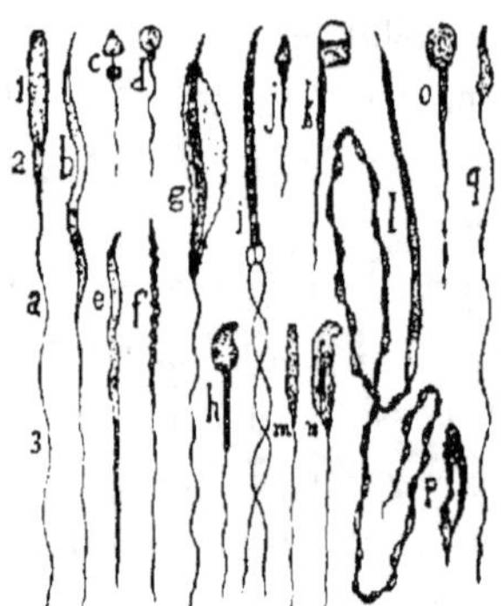

Fic. 32. — *Spermatozoïdes de Vertébrés.*

1. Tête. — 2. Partie moyenne. — 3. Queue. — *a.* Spermatozoïde de Lamproie. — *b.* de Torpille. — *c.* d'*Amphioxus.* — *d.* de *Cobitis.* — *e.* de Pinson. — *f.* de *Scyllium.* — *g.* de Hyla. — *h.* de Souris. — *i.* de *Bufo.* — *j.* d'Homme. — *k.* de Hérisson. — *l.* d'Axolotl. — *m.* de Coq. — *n.* du même, traité par l'acide acétique. — *o.* du Bélier. — *p.* du Bombinator. — *q.* de la Couleuvre.

locomotrice, protoplasmique, douée de mouvements ondulatoires très vifs, et divisée en plusieurs régions.

Les spermatozoïdes peuvent présenter la constitution cellulaire chez l'*Ascaris megalocephala,* où l'on trouve quatre formes de spermatozoïdes : une sphérique, une en cloche, une autre piriforme, une dernière conique ; c'est la première forme qui est primitive, et les autres (formes mûres) sont seules capables de féconder. Dans ces dernières formes, le spermatozoïde est entouré d'une enveloppe, excepté à l'une de ses extrémités, dont le protoplasma rappelle, par sa striation en deux sens, la constitution du tissu musculaire, et qui, par opposition au pôle neutre ou *hémisphère caudale,* porte le nom d'*hémisphère céphalique* ou *pôle d'imprégnation ;* il contient un noyau brillant, allongé en bâtonnet, qui seul jouerait un rôle important dans la fécondation.

La tête des spermatozoïdes, en général, est mal connue. On la dit formée d'un noyau enveloppé d'une mince couche de protoplasma, contenant, en avant du noyau, le *spermocentre,* ou centrosome de la spermatide, élément dont Henking nie, du reste, l'existence.

J'ai étudié cet élément chez divers types, entre autres, chez le *Cavia,* et je donnerai ici une esquisse rapide de sa structure. La description détaillée formera le sujet d'un Mémoire spécial que je publierai avec M. le Dr Cannieu, mon élève et ami, avec la collaboration duquel ces recherches ont été faites.

Les spermatozoïdes du Cobaye présentent une longue queue et une fort grosse tête. La queue est constituée par ses parties typiques, segment intermédiaire, segment principal, segment terminal. Il est facile, relativement, d'y observer ces alternances claires et sombres qui la strient transversalement. Dans sa région axiale, se trouve une cavité tubulaire, divisée en alvéoles par de fines cloisons transversales. La couche protoplasmique qui entoure ce canal axial est le filament axial, qui se voit quelquefois constitué par quatre fibres qui peuvent peut-être elles-mêmes se décomposer en fibrilles et qui paraissent donc être de véritables faisceaux. Leur ensemble forme une couche entourant le conduit axial ; sur sa coupe optique, cette couche présente ces alternances de parties claires et sombres déjà signalées. Il est donc probable que les fibrilles élémentaires qui les constituent ne sont pas homogènes et que leurs parties similaires se correspondent régulièrement dans les faisceaux qu'elles forment. Le filament axial est contractile. Il est recouvert par une couche périphérique, d'épaisseur à peu près équivalente, qui présente des caractères différents. Cette sorte de *manteau* montre des alternances claires et sombres, qui lui communiquent un aspect strié et qui, dans les théories courantes, seraient l'expression optique de l'existence d'un filament spiral à tours serrés et entre lesquels serait interposée une substance intermédiaire moins dense et moins colorable. L'étude de la maturation de cet élément montre bien que cet aspect est le résultat de l'existence d'une couche superficielle d'alvéoles, disposées en une série unique, qui tourne en spirale autour du filament axial, de telle sorte que leurs parois latérales se touchent et forment un ruban continu et spiral. La substance intermédiaire n'est autre chose que la série des cavités alvéolaires. Les éléments mûrs ne montrent que cet aspect et encore est-il difficilement visible ; mais les spermatozoïdes moins avancés le présentent bien plus nettement. Il y a même, très souvent, chez ceux-ci, en un point du segment intermédiaire, un amas alvéolaire non employé, qui forme un renflement à structure absolument nette, et qui disparaît peu à peu par résorption. Si l'on peut arriver à décomposer cette couche en un filament spiral, cela s'explique fort bien, tant par sa constitution que par les procédés employés pour le faire voir. Ces procédés consistent en pourriture, macération, action de l'eau ou de la glycérine étendue, dilacération, etc., suivies de colorations intenses. Les traitements histologiques agissent probablement en dissolvant les parties les moins résistantes, c'est-à-dire les parties vésiculaires des alvéoles, en respectant généralement plus les parties les plus

résistantes, telles que les parois latérales, du reste mieux
protégées par leur situation que les régions superficielles,
d'où la production de fragments spiralaires d'origine double.
L'existence de semblables bandes longitudinales inter-alvéo-
laires est, du reste, assez fréquente; les téguments contractiles
d'une foule de Protozoaires en montrent des exemples remarquables. Il en a été question dans le premier chapitre. Il est à
remarquer que ces parois résistantes correspondent aux zones
sombres du filament axial, de telle sorte que, sur une coupe
optique, il peut arriver qu'on pense ne voir qu'une seule
couche aréolaire, s'étendant à toute l'épaisseur, alors que les
deux couches existent sans aucun doute possible.

Dans le segment principal, des dispositions analogues sont
à signaler, quoiqu'elles soient naturellement moins visibles;
c'est surtout dans sa partie antérieure qu'on peut faire ces
observations. Mais, dans cette région, les progrès de la différenciation et l'adaptation plus complète au rôle locomoteur
ont masqué la structure et fait disparaître plus ou moins complètement les dernières traces de son aspect vésiculaire primitif
pour le transformer en substance aplatie et essentiellement
contractile. Cette adaptation correspond à des changements
chimiques, qui sont déjà accusés par la force de résistance de
cette région, et si dans le spermatozoïde en voie d'évolution
on peut arriver à détacher le filament spiral, il n'en est plus
de même dans l'élément mûr, où l'on obtient tout au plus une
division de l'enveloppe en fragments transversaux. La surface
extérieure du spermatozoïde est limitée par une zone hyaline
d'une extrême minceur, telle que j'en ai signalé une chez cer_
tains Protozoaires (*Bulletin scientifique de la France et de
la Belgique,* 1889). Cette fine assise périphérique paraît présenter quelquefois certains épaississements, pouvant même
arriver à simuler une sorte d'arête spirale. J'ai dit plus haut
que, d'après Eimer, il y aurait, entre la tête et le segment
intermédiaire, une mince zone traversée seulement par le segment axial et qui relierait celui-ci à la tête, disposition parti-

culière à laquelle il a donné le nom de *cou*; de plus, entre ce
même segment et le segment principal, il existerait une disposition analogue. Cette observation a certainement pour point
de départ des phénomènes de destruction analogues à ceux qui
constituent l'origine du filament spiral décrit par les auteurs.
Entre la tête et le segment intermédiaire se trouve une petite
région occupée par des aréoles vésiculaires et plus renflée que
leurs voisines; la destruction de ces éléments donne lieu à ces
zones transversales factices qui ont fait croire à l'existence
d'un cou.

La tête présente une forme et une constitution fort mal
connues jusqu'ici. On pense généralement qu'elle est formée
d'un noyau enveloppé d'une mince couche de protoplasma.
Récemment, on a encore intercalé dans ce schéma la présence
d'un spermocentre qui serait placé en avant du noyau.

Chez le *Cavia*, la tête présente un renflement central et
postérieur lenticulaire, bordé sur les côtés et en avant par une
bande marginale aplatie et incurvée en manière de coiffe. Cette
dernière partie est relativement considérable et présente une
structure aréolaire déjà entrevue par les auteurs qui y ont
décrit des bandes alternativement claires et sombres. Dans la
portion renflée se trouve le noyau, qui, vu de face, est un corps
arrondi et, vu de profil, présente l'aspect d'un bâtonnet, ce qui
est dû à un aplatissement considérable. A l'intérieur de ce
noyau se trouve un nucléole gros et d'aspect compact. Il n'y
a donc pas de spermocentre en avant du noyau dans cette
espèce. Le protoplasma se divise facilement en deux, selon une
ligne qui suit exactement l'équateur de la région renflée. La
partie antérieure emporte avec elle le bord courbe; la partie
postérieure, qui donne insertion à la queue, présente alors,
vue de face, une forme comparable à celle d'un calice qui
contiendrait une hostie, ou d'un coquetier avec son œuf.

Je n'insisterai pas ici sur toutes les vues publiées sur
l'origine des diverses parties des spermatozoïdes, par exemple,
que le « Nebenkern » formerait le segment intermédiaire, etc.

L'ensemble de ce travail prouve, en effet, suffisamment que ces interprétations ont besoin d'être revisées. Je me contenterai d'indiquer quelques-unes des vues principales. D'après Bolles, Lee et F. Hermann, le centrosome naîtrait du noyau, chez les cellules sexuelles mâles, et Hertwig a affirmé le même fait pour l'*Ascaris megalocephala*. Benda décrit, dans la tête des spermatozoïdes des Mammifères, un noyau et, en avant de lui, une masse archiplasmique, formant le *bouton céphalique*. Dans les gonophores du *Cordilophora lacustris*, Schultze a observé, chez les spermatozoïdes incomplètement mûrs, outre le noyau, un petit corpuscule arrondi, très réfringent, à l'extrémité antérieure. Chez les Reptiles, Prenant a observé que le noyau accessoire coiffait la tête du spermatozoïde sous forme d'un petit chapeau pointu. Platner admet que le noyau accessoire est formé de deux parties, dérivées toutes deux du fuseau nucléaire. L'une d'elles naîtrait de la portion polaire du fuseau, c'est-à-dire du centrosome, tandis que l'autre proviendrait de la partie équatoriale et serait une formation spéciale aux cellules séminales, qui entrerait dans la constitution élémentaire du spermatozoïde ; il a appelé cette partie le *mitosoma* et il pense qu'elle devient l'enveloppe du filament axial, tandis que le centrosome proprement dit irait se placer au pôle antérieur pour former le bouton céphalique. Pour Henking, c'est le centrosome qui forme l'enveloppe du filament caudal ; le mitosoma se diviserait en deux parties : l'une antérieure, qui devient le bouton céphalique ; l'autre postérieure, qui disparaît par résorption. Le mitosoma, qui me paraît correspondre à l'archiplasma, est une formation spéciale à la cellule mâle, formation secondaire, produite dans un but particulier, qui, avec certaines parties différenciées du protoplasma, transforme le spermatozoïde en un organisme flagellifère. L'œuf étant immobile n'a pas besoin de mitosoma. — Bien d'autres vues plus ou moins analogues ont encore été publiées, surtout dans ces derniers temps.

Les spermatozoïdes sont parfois sujets au dimorphisme.

Chez le Triton, le Vermet, l'une des formes seule est apte à la fécondation ; elle est filamenteuse. L'autre, vermiforme, possède, au lieu de queue, un fort bouquet de cils.

L'histoire du développement des spermatozoïdes a eu une évolution des plus laborieuses. Ces éléments prennent naissance, comme l'œuf, aux dépens d'une couche cellulaire d'origine péritonéale, l'*épithélium germinatif*. Chez les êtres inférieurs, la paroi de presque tous les points de la cavité périviscérale est susceptible d'en produire. Mais, chez les organismes élevés, chez les Vertébrés, par exemple, cette puissance se localise toujours en un organe spécial, le testicule.

Chez l'embryon, les très jeunes ébauches des organes sexuels ne paraissent pas différer du reste du corps et il est peu possible de leur assigner un caractère distinctif. Il peut cependant arriver que, dès les premiers stades du développement, dès la segmentation, on puisse les distinguer, sous la forme d'un petit nombre de cellules qu'on appelle *initiales sexuelles*, et certains auteurs croient possible de retrouver partout ces initiales, quoiqu'en fait elles ne paraissent pas différenciées des autres éléments et qu'elles ne se développent que plus tard, après la segmentation, comme tout autre organe.

D'après les anciens auteurs, le contenu du testicule ne consisterait qu'en une seule sorte de cellules, les *spermatides*, produites par les divisions successives des cellules fondamentales, les *spermatogonies*. Ces spermatogonies, éléments épithéliaux primitifs des canalicules séminaux, ne formeraient, dans le jeune âge, qu'une seule couche cellulaire. Mais, dès le début de la spermatogenèse, un certain nombre d'entre elles se multiplieraient, les produits de ces divisions envahiraient la lumière des conduits, et ceux de la dernière génération, souvent la troisième, seraient les spermatides ou cellules-mères des spermatozoïdes.

De nombreux observateurs n'ont pas tardé à démontrer que ce processus est susceptible de variations diverses et de grandes complications. Ainsi, dans une foule de cas, les spermatogonies constitueraient des amas cellulaires à éléments disposés d'une manière radiaire, les *spermatoblastes*, proéminant dans les canalicules ; les spermatoblastes bourgeonneraient des lobes à leur extrémité libre, et chacun de ceux-ci serait une spermatide. De plus, aux dépens d'autres cellules épithéliales, se développeraient des cellules arrondies, les cellules testiculaires indifférentes, ne concourant pas à la genèse des spermatozoïdes, mais contribuant à former le fluide qui remplit les canalicules.

Pour d'autres auteurs, la prolifération des cellules fondamentales constituerait des amas arrondis, ressemblant à des cellules multinucléées, entourés d'une membrane, et c'est dans ces amas que se produiraient les spermatozoïdes.

Balbiani n'admet ni masses enveloppées ni spermatoblastes ; d'après lui, les cellules testiculaires se multiplieraient, chacune formant une colonnette à structure radiaire, dont les cellules se transformeraient progressivement en spermatozoïdes ; chaque colonne constituerait un faisceau d'éléments mâles.

Bien d'autres manières de voir ont encore été publiées. Ainsi, certains observateurs remarquant qu'on trouve dans les canaux séminifères deux sortes de cellules, les unes formant des ensembles rameux à structure radiaire, les autres libres et arrondies, ont admis que ces dernières seraient des *spermatides*, résultat de générations successives de cellules germinatives, et qu'elles formeraient les spermatozoïdes tandis que les premières leur serviraient de cellules de soutien. D'autres, au contraire, avancent que les cellules radiaires (spermatoblastes) forment les spermatozoïdes, les éléments ronds n'étant que des leucocytes immigrés et ne prenant aucune part à cette production ; les cellules ramifiées proviendraient d'éléments disposés en réseau (réseau germinatif) et toujours reconnaissables, même à l'état jeune, sur les parois des canaux séminifères.

Von La Valette Saint-Georges pose une loi générale de la spermatogenèse ; pour lui, les testicules contiennent deux sortes de cellules, les spermatogonies, qui formeraient les spermatozoïdes et les cellules folliculaires. Les premières, accolées à la paroi des espaces testiculaires, bourgeonnent ou se divisent en *spermatocystes* qui continuent à se fragmenter pour produire des cellules ultimes, les *spermatides*, riches en chromatine, dépourvues de réseau nucléaire et donnant les spermatozoïdes. Cet enchaînement régulier est quelquefois rompu et les spermatozoïdes restent unis en groupes cellulaires entourés (spermatocystes) ou non (spermatogemmes) d'une enveloppe; la membrane provient des cellules périphériques de la masse, qui s'aplatissent, s'accolent et se soudent. Dès le début, les *cellules folliculaires*, ainsi nommées par de Graaf à cause de leur analogie avec celles du follicule ovulaire, sont distinctes des spermatogonies; elles ne jouent pas de rôle actif, forment une enveloppe cellulaire aux spermatocystes ou aux spermatogemmes, et correspondent aux cellules rondes citées plus haut.

Balbiani regarde les spermatogonies comme une sorte d'élément femelle, les cellules follicules comme un élément mâle. Pour lui, les cellules définitives résulteraient d'une sorte de copulation, tandis que, pour Kölliker, les cellules-mères des spermatozoïdes pourraient dériver directement de l'épithélium germinatif, des cellules épithéliales du corps de Wolff, mais surtout du mésoderme des premiers tissus testiculaires. D'après Mihalcovics, les rudiments mésodermiques de l'organe mâle seraient envahis dès le début du développement, par des cellules épithéliales germinatives, anastomosées en réseau, qui seraient l'origine des canalicules sexuels; plus tard se produirait une nouvelle immigration de grosses cellules sexuelles envahissant les canalicules préalablement constituées et formant les cellules séminales primitives (spermogonies, ovules mâles).

Ce développement ressemblerait donc à celui des œufs, puisque, d'après Kölliker, des cordons cellulaires venus du corps de Wolff pénètrent dans le mésoderme naissant de l'ovaire et forment les follicules de Graaf où immigrent plus tard les ovules primitifs, nés de l'épithélium germinatif. On a attribué tour à tour aux trois feuillets embryonnaires la puissance de produire les cellules-mères des germes ; cette propriété parait généralement dévolue à l'épithélium cœlomique, c'est-à-dire au mésoderme.

D'après le résumé succinct et des plus incomplets qui précède, il est facile de voir combien la marche de la science

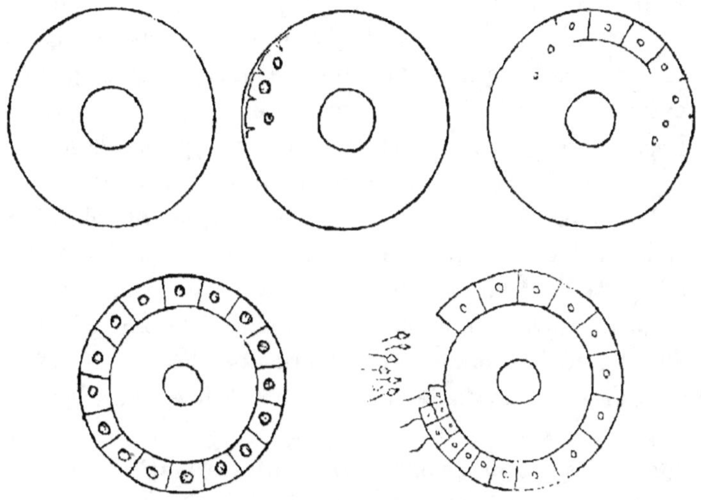

FIG. 33. — Stades théoriques de la formation des spermatozoïdes.

a été hésitante dans cette difficile question. Dans l'état actuel de nos connaissances, on résume souvent l'histoire du développement des éléments mâles en un certain nombre de traits principaux.

Après la différenciation des cellules germinatives primordiales, les *cellules spermatiques primordiales* ou encore *ovules mâles,* par comparaison avec les ovules primordiaux, se divisent un certain nombre de fois par voie mitotique ; les derniers éléments ainsi formés sont les *spermatogonies.* Ce phénomène rappelle le bourgeonnement lorsqu'un élément central se divise en cellules périphériques plus petites. D'autres fois, un élément central grossit et sert de support à l'ensemble, sans être appelé à devenir jamais la souche de spermatozoïdes ; c'est le *cytophore*. D'après Julin, qui a observé ces divisions chez le *Styelopsis*, la substance du centrosome qui a provoqué la formation de la spermatogonie, contrairement à ce qui se voit pour l'ovogonie, rentre dans le noyau pour se fusionner avec sa charpente, et peu à peu, il se forme un nucléole. Pendant cette période de multiplication, entre deux divisions, il y a une phase de repos avec un léger accroissement en volume. De l'ensemble de ces phénomènes résultent des amas cellulaires (spermatogemmes, spermatocystes), dont les éléments s'accroissent et se reposent pour prendre un volume et une constitution propres et devenir des *spermatocytes de premier ordre* ou *protospermaties*.

Les deux phases décrites ci-dessus, celle de multiplication et celle d'accroissement et de repos, sont plus ou moins longues ; elles ne dépendent pas directement de l'activité fonctionnelle. La phase suivante est courte et essentiellement fonctionnelle ; elle aboutit à la formation des spermatozoïdes.

Les spermatocytes de premier ordre se divisent brusquement en deux fois successives ; il se forme ainsi quatre éléments égaux : les *deutospermatocytes, deutospermaties* ou simplement *spermatocytes* ou *spermaties*, ou plus généralement *spermatides*, qui deviendront les spermatozoïdes. Ces divisions se présentent avec des caractères tout particuliers ; après la première division, il n'y a pas de stade de repos entre la répétition du phénomène, et les éléments nouveaux se partagent simplement les chromosomes existants, de telle sorte qu'ils ne possèdent que la moitié des chromosomes caractéristiques de l'espèce. Ce phénomène de réduction de moitié dans le nombre des chromosomes des éléments mûrs est ce qu'on appelle la *réduction karyogamique*. Julin a observé chez le Styelopsis un fait qui ne se voit pas ailleurs. Les chromosomes primaires ne se dédoublent pas à la fin de l'accroissement de la spermatogonie, ce qui lui paraît attribuable au peu de développement de la charpente achromatique du noyau. A la fin de la période d'accroissement, le nucléole disparaît, et on voit naître un élément paranucléinien, un centrosome qui se divise deux fois successives et entraîne la division du spermatocyte en quatre spermatides, contenant chacune un chromosome indivis, alors que le chiffre normal des chromosomes de cette espèce est de quatre. Pendant cette double division de maturation, il n'existe pas de fuseau achromatique, et déjà dans le spermatocyte, la charpente achromatique est fort peu développée, fait auquel peut être due la non-segmentation longitudinale des chromosomes primaires. La spermatide renferme encore un centrosome à côté du noyau, reste de celui qui a dirigé la division qui lui a donné naissance; mais cet état ne persiste pas toujours et le centrosome se résorbe, ou mieux disparaît, dans une foule d'espèces, tandis que dans d'autres il persiste, et il a été décrit dans le spermatozoïde lui-même (spermocentre).

On donne différentes interprétations du mode de transformation des spermatides en spermatozoïdes. Quelques-unes ont déjà été mentionnées plus haut. Pour les uns, les spermatozoïdes sont des éléments exclusivement nucléaires; pour d'autres, la tête seule provient du noyau et la queue du protoplasma de la spermatide; pour d'autres encore, le noyau cellulaire ne prendrait aucune part à ce phénomène. Mais tous les auteurs s'accordent, à peu d'exceptions près, pour reconnaître que le nucléole disparaît. Dans cette transformation en un élément mobile, la spermatide engendrerait un centrosome propre, le spermocentre, qui n'est donc pas l'homologue de l'ovocentre qui sera le centrosome de l'œuf fécondé. Les premiers auteurs auraient vu le noyau des spermatides allongé, avec une tête opaque et une queue plus claire; cette queue, d'abord enroulée dans le protoplasma, s'étendrait, puis sortirait de la cellule, pendant que disparaîtrait l'enveloppe protoplasmique. Pour les seconds, le protoplasma cellulaire s'allongerait en même temps que la queue et formerait son enveloppe. Enfin les derniers, confondant peut-être le noyau cellulaire avec le noyau accessoire, ont vu des spermatozoïdes

coexister dans les cellules-mères avec des noyaux non modi-
fiés. Il se formerait, d'après eux, dans le protoplasma cellulaire,
de petits corps brillants, chromophiles, d'origine extra-nu-
cléaire, autour desquels se condenserait la matière plasmique
qui formerait les têtes, tandis que le plasma formerait les
queues des spermatozoïdes.

En général, on admet aujourd'hui que la spermatide s'allonge,
qu'une portion de son protoplasma entoure la tête, tandis que
l'autre s'effile pour constituer la queue. Le noyau diminue
beaucoup de volume ; sa portion chromatique se condense en
une petite masse réfringente qui sera le noyau du spermatozoïde, et le centrosome se place au-devant de lui pour former
le spermocentre.

La manière dont cette métamorphose se produit chez le
Styelopsis, présente quelques traits intéressants. La spermatide
est un très petit élément libre, sphérique, à noyau relativement volumineux, qui contient le quart de la chromatine du
spermatocyte de premier ordre, et qui est pourvu, en outre,
d'un centrosome, au moins à son origine. Dès les premières
phases de la transformation de la spermatide en spermatozoïde,
le centrosome disparaît. Puis le chromosome de la spermatide
se désagrège en une foule de microsomes disséminés sans
ordre apparent dans le noyau. La spermatide s'allonge, devient
fusiforme, plus effilée à une extrémité qui sera la queue ; le
noyau prend la forme d'un croissant de structure compacte,
qui s'accentue progressivement pendant que l'élément s'effile
de plus en plus. Pendant ce temps, il s'y constitue, contre la
membrane nucléaire, un petit corpuscule réfringent qui sortira
du noyau et ira se loger à l'extrémité antérieure de la tête,
accolé contre celui-ci, et formera le *centrosome spermatique*
ou spermocentre, seul organe de la division de l'œuf fécondé.

La maturation du spermatozoïde consiste donc, essentiellement, en ce qu'il devient mobile et qu'il forme un spermocentre.

L'œuf présente une constitution qui peut être ramenée à

celle d'une cellule. Son protoplasma est le *vitellus,* son noyau, la *vésicule germinative,* son nucléole, la *tache germinative* et son enveloppe la membrane vitelline. C'est le plus grand élément du corps. Le cadre de ce travail ne nous permet pas d'esquisser, même superficiellement, les innombrables variations que peut présenter l'œuf, depuis l'état simple, où la constitution cellulaire est complétement apparente, jusqu'à l'état si complexe qui se voit, par exemple, chez les Oiseaux. Chez les Salmonides se voit une disposition intermédiaire entre ces deux états ultimes. Au pôle animal on observe une accumulation de vitellus de formation assez comparable à la cicatricule de l'œuf des Oiseaux, et ne correspondant pas exactement à la cicatricule ; au pôle opposé, ainsi que dans la

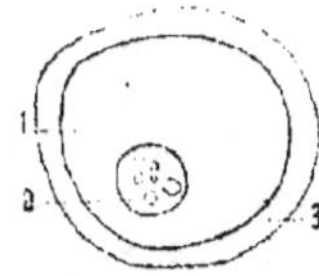

Fig. 31. — *Coupe théorique d'un œuf holoblastique.*
1. Vitellus. — 2. Vésicule germinative. — 3. Membrane vitelline.

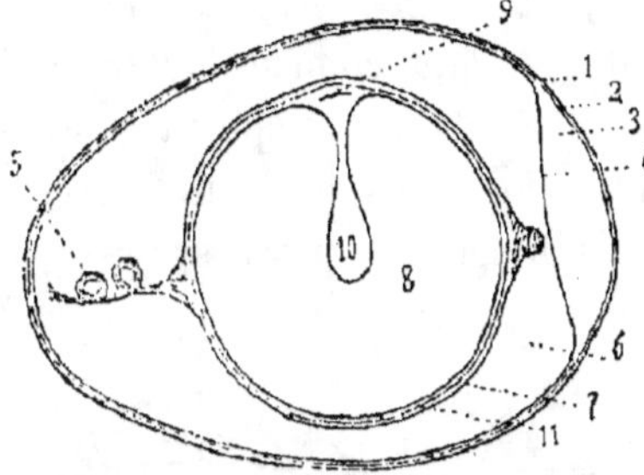

Fig. 35. — *Coupe théorique de l'œuf méroblastique des Oiseaux.*
1. Coquille. — 2. Feuillet externe de la membrane coquillère. — 3. Chambre à air. — 4. Feuillet interne de la membrane coquillère. — 5. Chaloz. — 6. Albumine. — 7. Membrane chalozifère. — 8. Vitellus jaune (deutolécithe). — 9. Cicatricule. — 10. Latebra. — 11. Membrane vitelline.

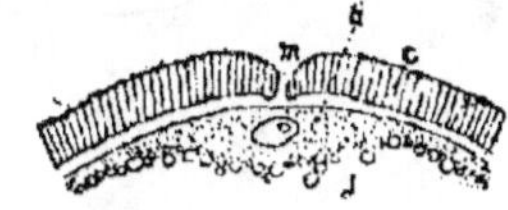

Fig. 36. — *OEuf à micropyle.*
a. Vitellus. — c. Coque. — d. Vitellus nutritif. — m. Micropyle.

masse de l'œuf, le vitellus de nutrition l'emporte par son abondance.

Le développement de l'œuf présente des analogies remarquables avec celui des spermatozoïdes, et l'immense majorité des naturalistes n'hésite pas à y reconnaître des stades absolument identiques, à tel point qu'on accepte l'homologie des éléments mâles et femelles jusque dans les moindres détails de leur constitution et de leurs phénomènes évolutifs, et que l'on se trouve autorisé à admettre que tout fait observé dans les uns doit avoir son correspondant dans l'autre. C'est donc principalement sur l'identité d'évolution des éléments mâles et femelles qu'est basée la conception de leur homologie absolue, malgré leurs différences de dimensions et de structure.

Les cellules germinatives primordiales, les *ovules primordiaux*, comparés aux cellules spermatiques primordiales ou ovules mâles, une fois différenciées, se divisent un certain nombre de fois pour former les *ovogonies* ou *ovoblastes*, homologues des spermatogonies ou spermatoblastes. Il se forme ainsi des groupes d'éléments, les *ovogemmes*, dans lesquels une cellule grossit et devient l'*ovocyte*, comparable au cytophore, tandis que les autres éléments l'enveloppent, pour se transformer en *follicule*, dont les fonctions sont nourricières et protectrices. Chez les animaux inférieurs, le processus est plus simple. Ainsi, chez les Polyclades, il se forme des groupes d'œufs

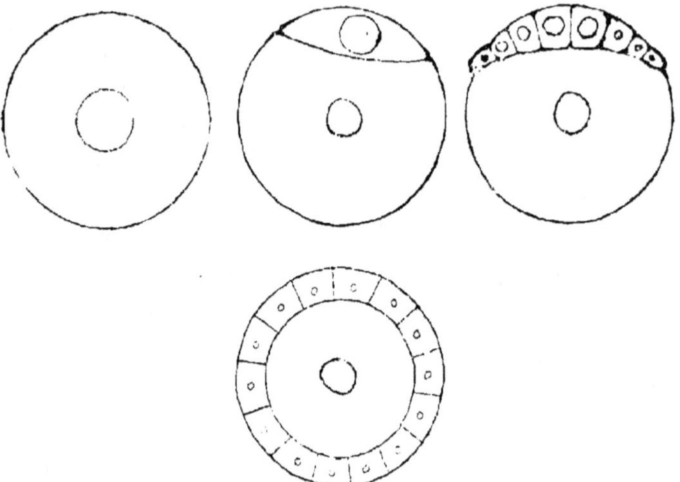

Fig. 37. — Stades théoriques de la formation de l'œuf.

souvent réunis dans une seule enveloppe, sans cette distinction primitive en follicule et en œuf proprement dit; mais un seul œuf arrive à se développer, tandis que les autres servent à sa nourriture, phénomène qui peut même se présenter chez certains Gastéropodes (Néritines). Chez les Vers plats, les vitellogènes sont morphologiquement des ovaires, dont les éléments ne se transforment pas en œufs, mais en cellules nutritives.

L'évolution de l'œuf et celle du spermatozoïde poussent encore plus loin leurs caractères semblables, et, jusqu'au bout, jusqu'à la maturité, les mêmes faits se répètent. De même que le spermatocyte de premier ordre se divise en quatre éléments nouveaux, les spermatides, de même on observe dans l'œuf ou *ovocyte de premier ordre* en voie de maturation un phénomène de double division qu'on a rapproché de ce processus, et qui consiste dans la formation des *globules polaires,* de telle sorte que la spermatide correspondrait à l'œuf mûr ou ovule, ayant produit ces globules. Les spermatides se métamorphosent en spermatozoïdes, transformation qui n'existe pas dans l'œuf.

Dans la jeune ovogonie, on ne tarde pas à perdre de vue le centrosome, qui se résorberait, d'après Julin, dans le noyau, ou plutôt dans le protoplasma. D'autres fois, il ne disparaît que plus tard, et forme alors un corps particulier, dont il sera question dans un autre chapitre. Dans la spermatogonie du *Styelopsis,* le centrosome rentre à l'intérieur du noyau, avant l'apparition du nucléole. L'ovogonie s'accroît rapidement; son centrosome s'accroît plus que dans celle-ci qui, elle-même, a un développement bien moindre et, au deuxième temps de cet accroissement, intervient une réduction de la vésicule germinative, qui aboutit à la constitution de l'ovocyte de premier ordre. Le diamètre de cette vésicule se réduit peu à peu, son enveloppe se détruit plus ou moins par un processus particulier, et elle prend une forme irrégulière, par le ratatinement de celle-ci, qui finit par disparaître. Il finit par ne plus persister que la zone centrale du noyau, avec ses chromosomes, la charpente achromatique paraissant absorbée par le protoplasma. Le nucléole s'altère, pâlit, se colore difficilement, se vacuolise, sa paroi propre se résorbe; parfois, il se fragmente et il se résorbe dans le protoplasma de la cellule. L'œuf mûr est un volumineux élément dépourvu de centrosome, pourvu d'un noyau ovulaire qui, à cause de la formation des globules polaires, où il se passe un phénomène analogue à celui qui se présente dans la formation des spermatides, contient le quart de la quantité de chromatine contenue dans l'ovocyte de premier ordre.

A la fin de la maturation des éléments sexuels, mâles ou femelles, on observe donc deux brusques divisions qui ont pour effet de les transformer en éléments qui n'ont plus la constitution normale, et de les rendre dissemblables aux cellules ordinaires. Pour cette raison, Van Beneden a proposé de les désigner sous la dénomination de *gonocytes,* de telle sorte qu'il existe des *gonocytes mâles* ou des *gonocytes femelles ;* il appelle spermatogemme l'ensemble des quatre spermatides nées d'un même spermatocyte de premier ordre et oogemme l'œuf et ses globules polaires.

L'interprétation, énoncée plus haut, d'après laquelle les stades du développement des éléments reproducteurs sont plus ou moins identiques dans les deux sexes, peut paraître pouvoir être modifiée dans certains cas, notamment lorsqu'on considère le développement des spermatozoïdes à la surface d'un cytophore. On pourrait, en effet, arriver à des conclusions rappelant la comparaison que font souvent les anatomistes entre le développement des organes mâles et femelles eux-mêmes. On sait que, dans les deux sexes, il se forme d'abord une ébauche des organes reproducteurs qui est identique, et ce sont les transformations ultérieures de cette ébauche qui amènent à leur suite la *différenciation des sexes.* Dans l'un des deux sexes, c'est une partie des organes contenus dans l'ébauche indifférente qui continue à se développer; dans l'autre, c'est une autre portion, tandis que, dans les deux cas, les parties sans avenir persistent à l'état d'organes rudimentaires, de vestiges de l'état primitif. Ce fait peut amener à supposer l'existence d'un état d'hermaphrodisme antérieur, peu à peu effacé par l'évolution. De même, on pourrait être tenté d'admettre que les éléments sexuels primitifs sont hermaphrodites et qu'ils se débarrassent dans leur évolution des parties appartenant au sexe opposé au leur. Les parties mâles se rendent à la périphérie, tandis que les portions femelles restent centrales. Chez la femelle, ce sont ces dernières seules qui se développent, et les cellules périphériques forment le follicule; chez le mâle, le contraire a lieu. Cette hypothèse est spécieuse. Mais, dans l'état actuel de la science, vu principalement le manque de généralité suffisante de la formation des spermatozoïdes à la surface d'un cytophore, elle n'est peut-être pas suffisamment basée sur les faits pour pouvoir être acceptée sans réserves.

V

Noyau vitellin et noyau accessoire.

En étudiant l'œuf ovarien de la *Tegenaria domestica*, Von Wittich, en 1845, y découvrit un élément figuré particulier que Balbiani (*Journal de l'Anat.*, fig. 38, 39, 40, 46, 64) a retrouvé chez une foule d'espèces, et auquel on attribue les différentes dénominations de *noyau vitellin, vésicule embryogène, vésicule de Balbiani* (Dotterkern).

Cet élément est caractérisé par une variabilité remarquable ; sa constitution parait être fort diverse ; sa durée, souvent des plus réduites, est telle, dans d'autres cas, qu'on peut la retrouver jusque chez de jeunes araignées écloses ; enfin, sa présence ou son absence paraissent n'être soumises à aucune règle bien fixe, des espèces voisines pouvant ou non le présenter.

Les interprétations les plus diverses ont aussi été émises sur sa nature. Les premiers observateurs, tels que Von Wittich, Carus, Von Siebold, et d'autres, le considérèrent comme un véritable élément histologique intra-ovulaire, cellule ou noyau, et lui attribuèrent un important rôle dans la formation du vitellus ; ils admettaient que c'est autour de lui que se constituent les éléments du germe, d'où la dénomination de vésicule embryogène. Schütz, Schimkevitch, etc., lui dénient au contraire toute importance et ils en font un simple amas, sans signification physiologique bien nette. Enfin, le grand nombre des naturalistes, parmi lesquels on peut citer Leuckart, Korschelt et Heider, Bertkau, Ludwig, Kishinouye, etc., réservent leur opinion jusqu'à plus ample informé.

A un certain état de développement, le noyau vitellin se

compose d'une partie centrale, constituée par une vésicule
délicate, et d'une portion périphérique, formée de lamelles
minces et concentriques, emboîtées les unes dans les autres.

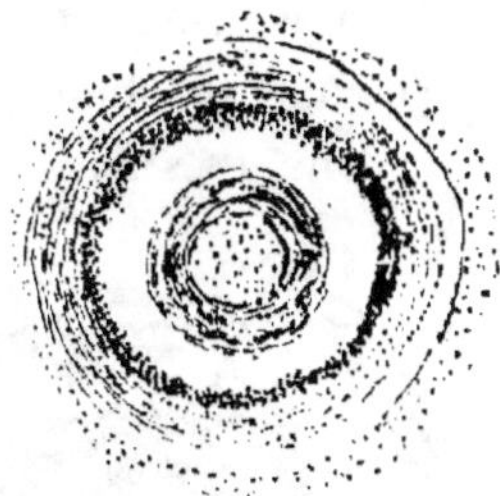

Fig. 38, 39 et 40. — Noyaux vitellins de Tegenaire.

La vésicule centrale contient souvent un gros globule pâle,
muni de granulations, de telle sorte que l'ensemble a l'apparence d'un noyau à nucléole central ou situé près de la paroi.

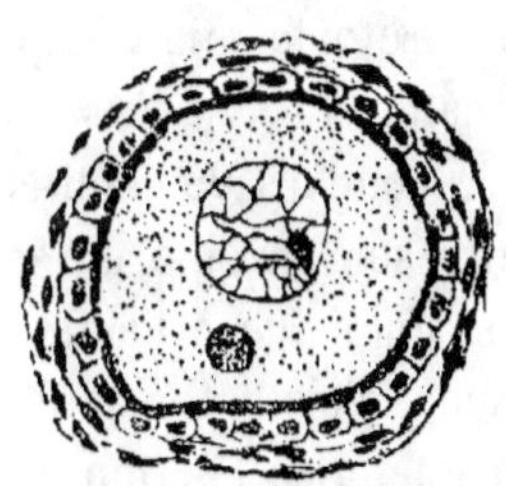

Fig. 41. — Follicule de Graaf
de jeune Chatte.

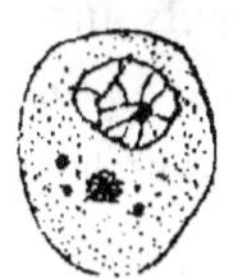

Fig. 42. — Ovule de jeune Cobaye.

C'est là, du reste, l'interprétation à
laquelle se sont arrêtés Von Siebold,
Carus et Balbiani, et c'est là aussi la
raison pour laquelle a été adoptée la
dénomination de noyau vitellin. L'enveloppe à structure concentrique qui
accompagne cette vésicule présente
les caractères les plus variables. Les
lamelles peuvent être nettes et serrées, ou confuses et lâches; elles
peuvent manquer, et la couche est
alors homogène ou granuleuse, ou,
alternativement, homogène puis lamellaire ([1]); les dimensions de cette
couche peuvent être considérables ou réduites et sa forme

([1]) Cette alternance montre bien que la couche protoplasmique métamorphosée
n'est pas transformée sous l'influence exclusive, ainsi qu'il sera dit plus loin, du
centrosome, mais que c'est plutôt là un état d'organisation du protoplasma
lui-même. Quand les cloisons rayonnantes des alvéoles se disposent en files, on
observe des asters; quand ce sont les cloisons transversales, on observe des lignes
concentriques.

régulière ou irrégulière et excentrique. L'aspect de lames
concentriques manque chez la plupart des autres Aranéides et
le protoplasma de ces formations est homogène avec une
couche granuleuse à son pourtour. Dans ces cas, il est constitué par une substance moins dense; il disparaît aussi plus
vite, et, dans les stades avancés de l'œuf, on ne le voit plus.

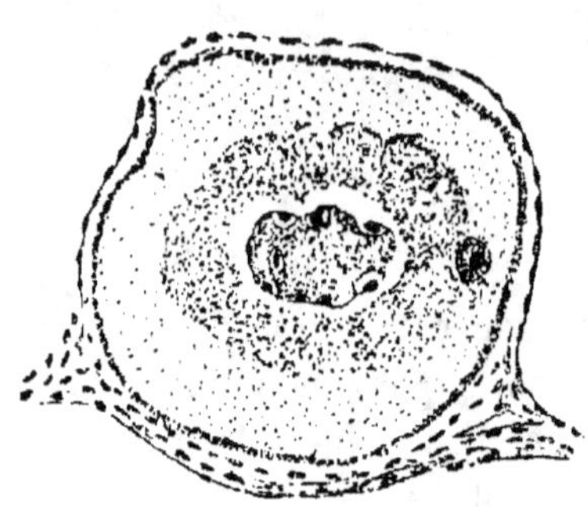

Chez certaines espèces où
l'on pensait qu'il faisait dé-
faut, Sabattier a pu le déceler *(Epeira, Pholcus)*. Il
en est cependant où on ne
l'a jamais vu. Pour Balbiani,
ce n'est pas là une partie
constitutive du noyau vi-
tellin, mais bien une enveloppe protoplasmique ap-
partenant au vitellus et

Fig. 43. — Follicule ovarien de Truite.

résultant de la condensation successive de couches de celui-ci
autour de la vésicule, phénomène qui tire son origine d'une
action attractive de cette dernière, qui est analogue à l'action
du centrosome de la cellule ordinaire. Même, chez le Géophile,
on constate le même aspect irradié qui caractérise l'action du
centrosome. Si chez les Araignées ce rayonnement manque, ce
n'est pas là un fait isolé, et une foule d'éléments anatomiques
et même des plantes nous en fournissent un exemple.

Le corps vitellin de Balbiani a été retrouvé chez les êtres les

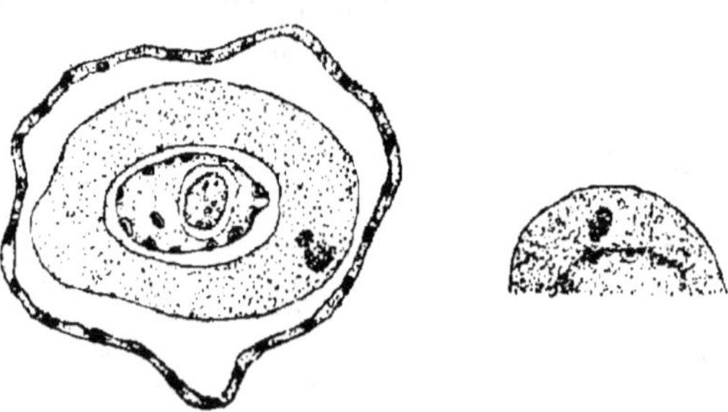

Fig. 44 et 45. — Ovule jeune de *Syngnathus acus.*

plus divers; on le voit d'une façon à peu près constante dans une espèce donnée, quoiqu'il puisse ne pas exister dans toutes les espèces voisines. Sa structure montre partout une variabilité rappelant ce qui se voit chez les Araignées. Récemment, Henneguy l'a vu chez le Chat, le Cobaye, la Truite, etc. (fig. 44). Cependant, en général, il est constitué d'un corps central, entouré d'une couche protoplasmique, et il ressemble donc à une cellule. Chez le *Rana temporaria,* il est très hypertrophié et présente une constitution rappelant celle du noyau du *Loxophyllum.*

En général, il n'apparaît que quand l'ovule primaire a cessé de se multiplier, au début de la période d'accroissement. Chez les Vertébrés, il disparaît de bonne heure, lorsque l'œuf est encore peu développé; mais, chez les êtres inférieurs, il persiste plus longtemps et peut se rencontrer dans l'œuf, ou

Fig. 46. — Noyau vitellin à structure interne double.

même dans l'embryon, ou encore dans le petit éclos. Quant à sa durée, les auteurs sont fort partagés. Carus, Schütz, Sabattier, Schimkevitch ont pensé qu'il disparaît toujours à la maturité de l'œuf, tandis que Von Wittich a affirmé l'avoir vu dans l'œuf pondu, et Kiskinouye et Locy dans l'œuf en voie de développement embryonnaire; enfin, c'est Balbiani qui l'a vu jusque chez la petite Araignée, plusieurs jours après l'éclosion.

Le corps vitellin n'est pas toujours unique, et, dans bien des cas, on rencontre des formations doubles. Schütz a vu le premier exemple de ce genre chez les Aranéides, avec tous les états intermédiaires de division entre cet état double et une simplicité complète. Cette division rappelle celle du centrosome. Depuis, Balbiani a revu les mêmes faits chez une foule d'animaux, tels que la Poule, le Moineau, la Grenouille, les Araignées, etc.

L'origine du corps vitellin est comprise de diverses façons par les observateurs qui s'en sont occupés. Je me contenterai de donner ici les derniers résultats.

Pour Henneguy, c'est là probablement une partie de la tache germinative, du nucléole, ou celui-ci tout entier, qui sort de la vésicule germinative et va se loger dans le vitellus, mais sans qu'il ait observé effectivement cette sortie. Ainsi, chez le *Syngnathus acutus*, le noyau des ovules présente un grand nombre de « taches germinatives », tapissant la membrane, plus une petite masse finement granuleuse au centre. Dans le protoplasma se voit un corpuscule arrondi, réfringent, comme les taches germinatives, et qui serait probablement une de ces taches germinatives sorties du noyau (fig. 41, 42, 43, 44 et 45).

Julin émet des doutes sur la nature paranucléinienne de ces « taches germinatives ». Pour lui aussi, le noyau vitellin est d'origine intra-nucléaire et même d'origine nucléolaire ; mais le véritable nucléole, caractérisé par les réactions de la paranucléine, n'est pas l'homologue de ces taches, qui sont des amas de chromatine. Le nucléole se dissoudrait dans le noyau, au préalable. Puis, aux dépens au moins d'une partie de sa substance, il se formerait dans le protoplasma un élément paranucléinien, qui serait le corps vitellin.

Balbiani a varié dans ses opinions sur l'origine du noyau vitellin. Il avait cru d'abord que le noyau vitellin pourrait bien être une cellule folliculaire qui aurait pénétré au sein de l'œuf en refoulant le vitellus, et, comme signification théorique de ce fait, il avait été tenté de considérer ce phénomène comme une sorte de fécondation préalable, dans certains cas suffisante pour permettre le développement de l'œuf. Ainsi se trouvait expliquée la parthénogenèse qui se serait produite chaque fois que l'excitation due à la vésicule embryogène aurait été assez forte pour ne pas nécessiter l'attente de la fécondation sexuelle. Plus récemment, perfectionnant sa théorie, il a cru reconnaître que la vésicule embryogène était bien une cellule du follicule, qui, issue avec d'autres du bourgeonnement de la vésicule germinative, n'était pas sortie du vitellus, pour former le follicule, mais seule était restée dans l'œuf pendant que les autres s'étaient portés à la périphérie.

Par des recherches récentes, il a fait avancer nos connaissances sur l'origine du noyau vitellin d'un pas décisif.

Une coupe d'ovaire de jeune Tégenaire, alors que les ovules commencent à peine à se différencier des cellules épithéliales

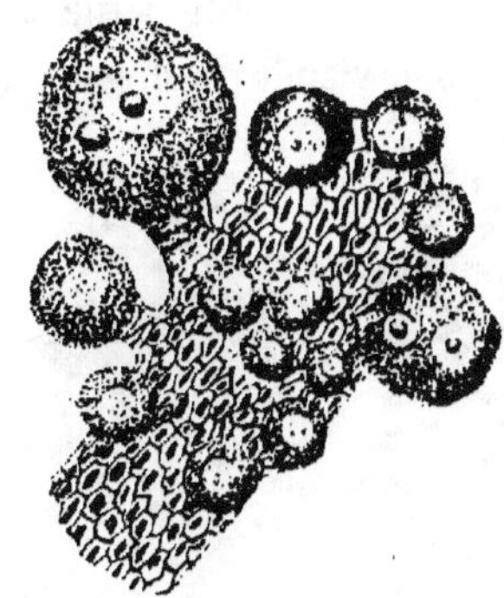

FIG. 47. — Ovaire de jeune Araignée.

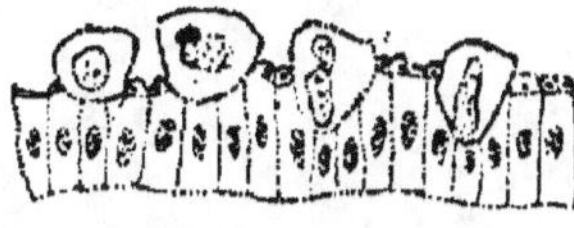

FIG. 48. — Paroi ovarienne de jeune Araignée prise dans la région à cellules épithéliales courtes.

de la couche germinative, montre une petite partie du noyau se séparant sous forme d'un minime petit bourgeon sphérique qui est d'abord placé à côté du noyau et apparaît, comme lui, sous forme de vésicule claire, à contenu granuleux. Le phénomène paraît avoir les apparences d'une bipartition inégale du noyau. Puis ce corpuscule s'éloigne, s'entoure de substance vitelline pâle et transparente, qui se condense bientôt en une zone dense et réfringente où apparaissent bientôt des stries concentriques fines, d'abord près de la vésicule, puis s'étendant vers la périphérie. Cette zone se perd d'abord insensiblement dans le vitellus à son pourtour, par des couches de moins en moins visibles. Ce dépôt de vitellus ne se fait généralement pas, tout d'abord au moins, d'une façon régulièrement circulaire autour de la vésicule centrale ; il se produit plus abon-

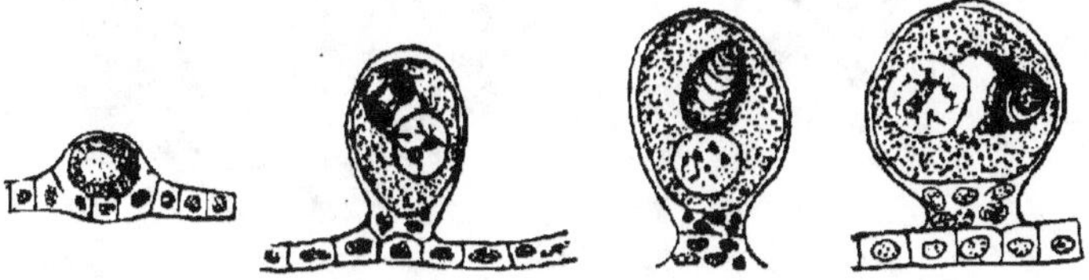

FIG. 49, 50, 51 et 52. — Jeunes follicules ovariens d'Araignée au début de leur formation.

damment d'un côté, celui qui regarde la vésicule germinative. L'espace qui sépare celle-ci de la première est donc de plus en plus envahi par ce vitellus transformé, qui finit par arriver au contact avec elle. Ensuite, il s'en sépare pour aller se loger plus loin dans le protoplasma, et, à ce moment, ce corps présente au moins le volume de la vésicule germinative. Au sein de son enveloppe striée, la vésicule centrale s'est agrandie jusqu'à atteindre le tiers du diamètre total. Le corpuscule situé à l'intérieur de cette vésicule est devenu bien visible; il apparaît

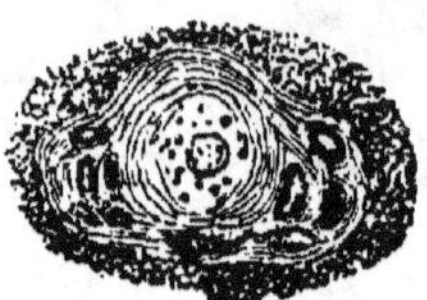

Fig. 53. — Noyau vitellin irrégulier.

Fig. 54 et 55. — Noyau vitellin dont les couches concentriques représentent des bulles gazeuses.

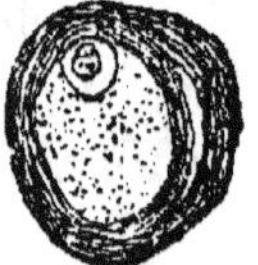

Fig. 56. — Noyau vitellin un peu écrasé.

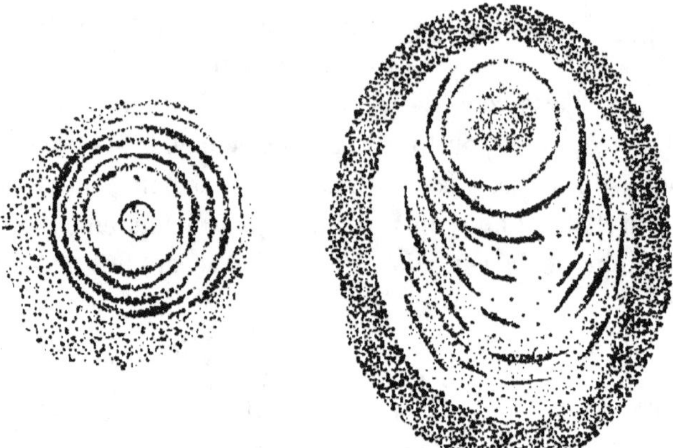

Fig. 57 et 58. — Noyau vitellin de *Lycosa campestris*.

comme une sorte de nucléole. Le protoplasma concentrique se teint vivement par la safranine, et les « taches germinatives » du noyau seules se colorent autant; la vésicule centrale se colore d'une manière moins intense, et le protoplasma encore moins. Le corps vitellin est donc une formation d'origine nucléaire.

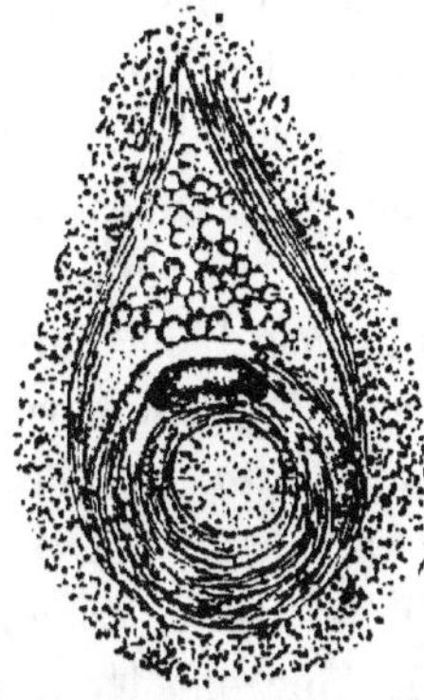

Fig. 59. — Noyau vitellin de *Lycosa saccata*.

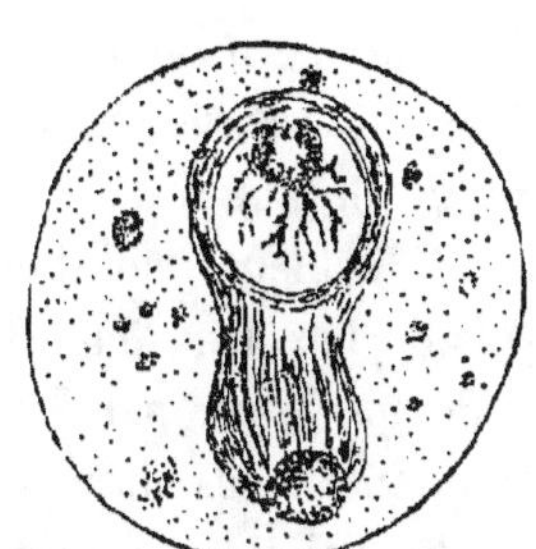

Fig. 60. — Ovule jeune de *Geophilus carpophagus*.

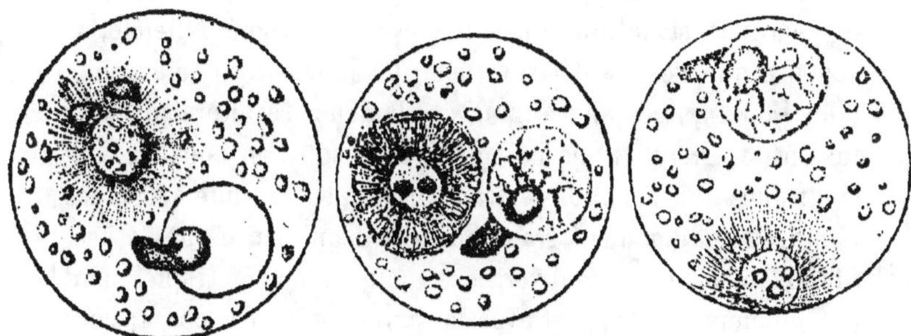

Fig. 61, 62 et 63. — Ovules jeunes de *Geophilus longicornis*.

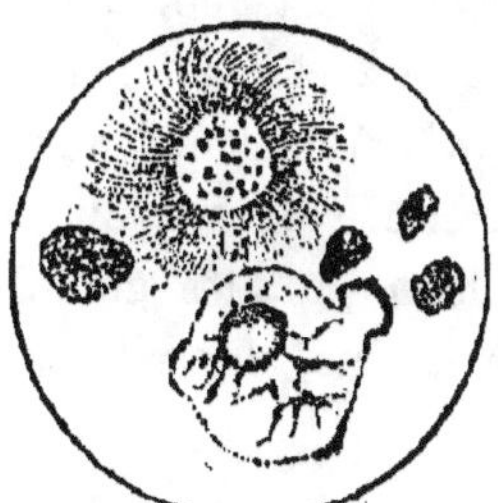

Fig. 64. — Ovule de *Geophilus carpophagus*.

Dans les éléments spermatiques des testicules, là où ils ont été minutieusement observés, on trouve à peu près toujours un corps particulier, d'abord observé par Von La Valette

Saint-Georges, logé dans le protoplasma, le *noyau accessoire* (Nebenkern). Comme le noyau vitellin, cet élément présente les plus grandes variations, suivant les saisons, l'âge, les différents stades de l'évolution, ou suivant les individus observés, soit de la même espèce, soit d'espèces différentes. Ce peut être un corpuscule homogène ou strié, une vésicule granuleuse, ou une masse irrégulière. Chez l'Escargot, Platner, Prenant et Hermann l'ont vu sous l'aspect d'une sorte de masse de filaments courbes ou flexueux, aspect revu par Bolles Lee chez les Némertiens et le *Sagitta*, par Prenant chez la Scolopendre, par F. Hermann chez le *Proteus*, et ce dernier donne à ces filaments le nom de *lignes archoplasmiques*. La Valette Saint-Georges et Henking ont décrit, chez la Blatte et le *Pyrrhocoris*, un noyau accessoire affectant une apparence d'anneau ou un aspect lamellaire concentrique, rappelant la structure concentrique de l'Araignée. Henneguy suppose que c'est là déjà la queue du spermatozoïde enroulé. Pour Henking, ces anneaux ou ces lamelles résulteraient de la fusion des granulations du noyau accessoire en couches concentriques qui, ensuite, se transformeraient en une substance homogène ou finement granuleuse. Balbiani pense que l'aspect fibreux ainsi que ces diverses structures concentriques sont probablement en rapport avec la régression de ces corps; chez le Géophile, il a souvent vu autour du noyau accessoire une zone protoplasmique à aspect radiaire, entourée elle-même, dans certains cas, de cercles granuleux concentriques. Chez l'*Ascaris megalocephala*, Van Beneden et Julin ont vu, dans la zone protoplasmique située autour du noyau accessoire qui est appliqué contre le noyau, les granulations disposées de manière à figurer, à la fois, des rayons et des demi-cercles concentriques ([1]).

([1]) Ces deux aspects s'expliquent par la disposition opposée, dans les deux cas, des alvéoles protoplasmiques. Dans les protoplasmas radiaires, les parois rayonnantes se correspondent en ligne droite, tandis que, dans les structures concentriques, ce sont les parois transversales qui présentent cette disposition.

De ce qui précède, il résulte que le noyau accessoire et le noyau vitellin ont une grande analogie de structure. Or, l'origine nucléaire de celui-ci est maintenant établie. Il est donc important de déterminer celle du premier.

Quelques auteurs regardent le noyau accessoire comme une production protoplasmique; tels sont, par exemple, Von La Valette Saint-Georges (première opinion), Balbiani (1869), Metschnikoff, Nussbaum, Keferstein, Pictet. Pour d'autres, par exemple, Grobben, Bolles Lee, Platner, Prenant, Henking, F. Hermann, il proviendrait du noyau, mais sans qu'il y ait univocité sur son mode précis d'origine, car les uns pensent qu'il dérive du noyau au repos, tandis que le reste admet qu'il provient du noyau en voie de division. Chez le *Sagitta*, Bolles Lee a figuré, avant le début de la spermatogenèse, à l'intérieur du noyau d'une spermatide, deux petits globules semblables à des nucléoles et un corpuscule tout semblable dans le protoplasma cellulaire; dans d'autres cas, ce corpuscule est encore à l'intérieur du noyau, ou en voie d'en sortir, ou déjà dehors, et ces figures rappellent ce qui se voit chez les Araignées. Hermann publie des figures sur la Salamandre rappelant le même aspect; dans toutes les cellules d'un même spermatocyste, préalablement à leur multiplication par division hétérotypique du noyau, le noyau accessoire était déjà dans le protoplasma sous la forme d'un globule incolore, et la membrane nucléaire envoyait vers ce corps un prolongement. De là, il paraît logique de conclure que le noyau accessoire était d'abord renfermé dans le noyau, sous forme d'élément non colorable, puis qu'il en est expulsé, ce qui est indiqué par le prolongement de la membrane nucléaire qui est amincie en face du point où il est placé, et l'origine nucléaire du noyau accessoire paraît bien établie.

Malgré cela, l'accord est loin d'être fait sur cette difficile question, et une foule d'auteurs font naître le noyau accessoire d'éléments qui se constituent pendant la division mitotique. Ainsi, pour Platner et Henking, le noyau accessoire dériverait

du fuseau achromatique du noyau par transformation directe;
pour Von La Valette Saint-Georges et Prenant, ce fuseau
s'incorporerait préalablement au protoplasma cellulaire, sous
forme de cytomicrosomes. D'après des vues plus récentes,
Platner admet que cet élément est formé de deux parties,
dérivées toutes deux du fuseau nucléaire, mais d'une manière
spéciale. L'une d'elles naîtrait de la portion polaire du fuseau,
c'est-à-dire du centrosome, tandis que l'autre proviendrait de
la partie équatoriale et serait une formation spéciale aux
cellules séminales, qui entrerait dans la constitution élémentaire du spermatozoïde; c'est cette partie qu'il a appelée *mitosoma*. De même, Henking, d'après ses études sur le *Pyrrhocoris*, fait aussi dériver des filaments nucléaires du noyau,
lors de la deuxième division des spermatocytes, le noyau
accessoire et le mitosoma; mais son interprétation diffère.
Il établit une distinction entre les filaments achromatiques du
fuseau et les filaments unissants qui renferment de la chromatine. Ces derniers seuls, ou, du moins, en majeure partie,
sont employés pour la formation de ces parties. Les faisceaux
périphériques des filaments unissants, avec quelques filaments
du fuseau, constituent le noyau accessoire; le faisceau central
donne naissance au mitosoma. Celui-ci entre dans la constitution de la tête du spermatozoïde et se place en avant du noyau.
Le noyau accessoire devient partie intégrante du filament
caudal; mais il ne serait pas l'équivalent du centrosome,
comme le veut Platner. Malgré toutes les notes dissonantes,
Platner en est arrivé à admettre que le noyau accessoire est
l'homologue des sphères attractives avec leurs centrosomes,
de l'archoplasma de Boveri, des périplastes-filles de Vejdovsky.
F. Hermann a vu, en effet, dans les spermatocytes de la
Salamandre, que le noyau accessoire se comporte comme
une sphère attractive pendant la division cellulaire. A l'état de
repos, c'est une masse discoïde, irrégulière, constituée par du
protoplasma foncé, appliquée contre un des côtés du noyau.
Au début de la division, apparaissent dans cette masse deux

centrosomes, sans qu'il puisse affirmer qu'ils soient issus de la division du centrosome primitif, d'où rayonnent des filaments qui les unissent entre eux et avec les chromosomes du noyau, ainsi que Van Beneden l'a déjà vu dans les sphères de segmentation de l'*Ascaris megalocephala*. Il paraît donc bien avéré que, pour les Vertébrés inférieurs, ainsi que Platner l'avance, du reste, pour les Invertébrés, le noyau accessoire a la valeur d'une sphère attractive. Pour les Vertébrés supérieurs, Reptiles, Oiseaux et Mammifères, les résultats ont été identiques. Benda a vu dans la tête du spermatozoïde le noyau, et l'archiplasma dans le bouton céphalique. Prenant, chez les reptiles, a observé que le noyau accessoire coiffait la tête du spermatozoïde, sous forme d'un petit chapeau pointu.

En résumé, le noyau accessoire paraît représenter les sphères attractives, avec leurs centrosomes, des cellules ordinaires, et tout semble démontrer que le noyau vitellin est lui-même l'homologue de ces éléments.

D'après tout ce qui précède, le noyau et le noyau accessoire sont des éléments fondamentaux qui ont leur équivalent dans toutes les cellules. Lorsque le noyau accessoire paraît manquer, le noyau cellulaire renferme un corpuscule particulier, le nucléole, qui, après s'être divisé, se rend dans le protoplasma cellulaire, et devient le centrosome, organite directeur de la division. Cet élément, qui présente la réaction de ces corps, peut persister plus ou moins longtemps dans le protoplasma ou le noyau et paraître ainsi sortir de la règle générale, de façon à susciter les différentes interprétations mentionnées. Ainsi, le noyau vitellin des Aranéides ne serait autre chose que cet organite ne rentrant plus dans le noyau, persistant dans le protoplasma et y subissant une évolution régressive. Ce qui distingue les corpuscules directeurs des éléments sexuels de ceux des cellules ordinaires, c'est que leur volume est plus considérable, et que, tandis que celles-ci se comportent généralement d'une façon beaucoup plus normale, les premiers s'écartent plus souvent de la voie ordinaire. De même que les noyaux sexuels sont plus grands que les noyaux ordinaires et que le noyau femelle est le plus grand, les centrosomes sexuels sont plus grands que les centrosomes ordinaires, et le femelle est le plus considérable. D'ailleurs, l'ovule est généralement beaucoup plus grand que les autres cellules et, de plus, chargé de granulations nutritives.

Au point de vue théorique, cette interprétation n'est, du reste, pas nouvelle. Nussbaum, dès 1882, avait déjà énoncé cette homologie; mais il a eu le tort d'assimiler, sous la même dénomination, des formations diverses, notamment toutes les enclaves contenues dans les cellules les plus diverses, et même des productions parasitaires. L'homologie du noyau vitellin avec le noyau accessoire et le centrosome paraît peu douteuse. Ces corps ont la même structure; ils se divisent les uns comme les autres. En effet, Platner, dans les spermatocytes des Lépidoptères décrit un noyau accessoire formé d'un corps réfringent, entouré d'une zone claire, cerclée elle-même d'une rangée de granulations foncées. C'est exactement l'aspect que Balbiani décrit au noyau vitellin des Araignées et du Géophile, ainsi que Platner à celui de l'Aulastome et des Gastéropodes pulmonés. Dans une foule de cas, au moment de son apparition le noyau vitellin se présente sous la forme d'une petite masse sphérique, ou, lorsqu'il est appliqué contre le noyau, il a la forme déjà signalée d'un croissant. Prenant, chez la Scolopendre, les Gastéropodes pulmonés et les Reptiles, Von La Valette Saint-Georges, chez la Blatte et la Forficule, Korotneff, chez l'Alcyonelle, Balbiani chez le Ver à soie et la Lépisme saccharine, et d'autres, ont vu cet élément contenant une vésicule claire appliqué en croissant contre le noyau et offrant une ressemblance frappante avec le noyau vitellin des jeunes Araignées. Il est vrai qu'à une période plus avancée de son développement, le noyau vitellin ressemble de moins en moins à un noyau accessoire. D'abord les dimensions réciproques deviennent de plus en plus dissemblables. Le centrosome, surtout, devient différent. Dans les éléments mâles, il a toujours l'aspect d'un corps réfringent, ne changeant pas de dimensions; le noyau vitellin s'accroît en même temps que l'œuf. Cela amène souvent une différence considérable dans les dimensions du centrosome, qui est un petit globule homogène, et la vésicule interne du noyau vitellin, qui peut avoir un volume plus ou moins considérable. Mais il est aussi des nucléoles qui sont énormes, et des centrosomes fort grands; tel est le cas de ceux que Van der Stricht a observés dans les cellules cartilagineuses du limaçon du jeune Chat, et dans des cellules analogues de la larve de Salamandre.

Le centrosome, le noyau accessoire et le corps vitellin sont des équivalents morphologiques, qui ont une évolution et des destinées assez variées. Ce sont des produits de la division du nucléole vrai. Celui-ci persiste aussi généralement dans le noyau de cellules au repos, et même dans des éléments très différenciés, où, par conséquent, il n'a plus de rôle actif. On peut citer comme exemple les cellules nerveuses ganglionnaires qui ont des nucléoles énormes; les néoformations à accroissement rapide (Kosinsky) ont aussi des nucléoles hypertrophiés *(plasmosomes)*.

Après la transformation de la spermatogonie en spermatocyte de premier ordre, le noyau accessoire persiste, et c'est lui qui constitue le centrosome qui préside à la double division de maturation du spermatocyte; après cela, pour Julin, il se résorbe.

Le corps vitellin n'est autre chose, d'après Julin, que l'un des deux centrosomes de la cellule germinative mère de l'ovogonie, celui qui a provoqué la formation de l'ovogonie. Lorsque l'ovogonie est devenue ovocyte de premier ordre, il disparaît ordinairement, probablement par résorption dans le protoplasma ou dans le noyau et ne contribue donc pas, chez les Ascidies, à la formation des globules polaires qui se produisent sans l'intervention des centrosomes. Chez d'autres espèces, il est probable qu'il rentre purement et simplement dans le noyau pour former le nucléole. C'est là une différence notable avec la division cellulaire ordinaire, pouvant jeter quelque lumière sur ce processus. Quand ce centrosome persiste et se résorbe plus lentement, c'est un corps vitellin; mais, tout en persistant, il montre des signes évidents de dégénérescence.

Balbiani montre, chez les Araignées, comment le corps vitellin perd ses propriétés physiologiques; c'est pour lui une *dégénérescence hypertrophique*. L'œuf, au terme de sa période de multiplication, ne fait plus que s'accroître et accumuler des matières de réserve pour l'embryon; tous ses éléments en profitent, car ils sont inactifs et bien nourris, d'où le centrosome devient énorme. Dans les cellules mâles, les conditions sont fort différentes. On y constate une grande activité fonctionnelle, de nombreuses divisions, d'où une grande pauvreté en protoplasma et de petits centrosomes.

Le développement hypertrophique du corps vitellin n'est pas un fait isolé, et les exemples de noyaux, corps dont il dérive, qui présentent des tendances vers une augmentation de volume, ne sont pas rares. On peut citer les énormes noyaux des glandes cutanées de la queue du Triton, ceux des cellules glandulaires des Insectes, les noyaux bourgeonnants des cellules de la rate, des cellules géantes du foie embryonnaire, les grandes vésicules germinatives des jeunes ovules des Poissons, Amphibies, Reptiles, Oiseaux. Un autre fait expliquant la facilité du développement hypertrophique du noyau vitellin, c'est une altération probable de sa nutrition, comme tend à le démontrer la présence de bulles gazeuses qu'on voit quelquefois dans les lamelles concentriques, ainsi que, parfois, des globules graisseux.

Le noyau vitellin est donc un centrosome dégénéré, devenu inerte et séjournant plus ou moins longuement dans le protoplasma.

A l'état de centrosome ordinaire de l'ovogonie, il peut aussi persister plus ou moins longtemps et peut même se retrouver dans l'œuf mûr comme un élément à activité physiologique épuisée ; mais, dans la règle, il a disparu avant la formation des globules polaires. Cette disparition se produit généralement dès que son rôle physiologique est terminé, après la séparation des chromosomes secondaires ; elle se produit par atrophie, par résorption dans le protoplasma.

Les faits de persistance dans le protoplasma de corpuscules analogues à ceux dont il a été question dans ce chapitre commencent à n'être plus rares dans les archives scientifiques et les découvertes de ce genre se multiplient tous les jours. Solger a fait des observations sur les cellules pigmentées des couches superficielles du derme cutané du *Gasterosteus pungitius* et de l'*Esox lucius;* dans ces cellules, pourvues d'un ou plusieurs noyaux qui se diviseraient par voie amitotique, il y a une petite tache claire, autour de laquelle s'observent des files radiaires de granulations pigmentaires, mais dépourvue de corpuscule central; pour cet auteur, c'est là une sphère attractive. Flemming, dans ses études sur certains leucocytes de la Salamandre, a constaté la présence d'un centrosome dans des éléments non en voie de multiplication. Dans des éléments en voie de fragmentation, il a trouvé une sphère attractive, pourvue d'un centrosome en relation avec le point de formation des étranglements du noyau. Lors de cette division, le centrosome resterait peut-être indivis. Dans les cellules épithéliales du poumon, dans l'endothélium et les cellules conjonctives du péritoine des jeunes larves de Salamandre, il y a deux corpuscules centraux, intimement unis et siégeant près du noyau au repos. Parfois, ces deux globules sont un peu écartés l'un de l'autre et réunis par un fuseau achromatique rudimentaire.

Dans les cellules migratrices que l'on rencontre dans la paroi intestinale de la Salamandre, Heidenhain a trouvé une sphère attractive avec son centrosome. Il a vu quelquefois des radiations protoplasmiques autour du centrosome dans des éléments leucocytaires multinucléés et dans quelques leucocytes à un seul noyau, qu'il suppose dériver d'éléments à plusieurs noyaux.

Dans des cellules géantes et dans de petites cellules de la moelle rouge du Lapin, il y a aussi une sphère attractive pourvue d'un centrosome; il en est de même de cellules endothéliales desquammées des alvéoles pulmonaires de l'Homme et de leucocytes à un ou plusieurs noyaux. Bürger a observé des sphères attractives avec centrosomes dans les cellules spéciales qui circulent librement dans le cœlome de certaines Némertes, et qui ne paraissent pas se diviser par voie mitotique. Meves, dans les spermatogonies à noyaux arrondis de la Salamandre, a trouvé, à côté du noyau, un corpuscule clair, qui se transformerait en granules que l'on voit répandues autour des noyaux polymorphes des spermatogonies d'automne et d'hiver. Au printemps, ces granulations se réuniraient, au moins partiellement, pour former une nouvelle sphère claire (attractive?) en même temps que le noyau lobé s'arrondirait. A la même époque, à côté de cellules à noyaux polymorphes, on trouverait des spermatogonies qui se diviseraient sans karyokinèse, sous l'influence d'une sphère attractive transformée en une sorte d'anneau. D'après ces faits et d'autres, certains naturalistes admettent que le centrosome est un organe permanent. Il est probable qu'en réalité il est quelquefois permanent, que d'autres fois on peut l'observer plus ou moins longtemps dans le corps protoplasmique, mais qu'en général il rentre dans le noyau sous forme d'élément paranucléinien. Ce qui fait que son existence dans le protoplasma ou même dans le noyau, quoique moins souvent, puisse être facilement méconnue, c'est que son affinité pour les réactifs est des plus variables. Non colorable à certains moments, principalement aux stades de début, il finit souvent par l'être beaucoup; ces faits expliquent la difficulté que l'on éprouve, dans certains cas, à déceler sa présence.

A côté des vues qui précèdent, il y a lieu de citer l'opinion de certains auteurs, tels que O. Hertwig, Brauer, pour lesquels le centrosome se trouve bien dans le noyau au repos; il y entre après la division, il en sort de nouveau pour la prépa-

ration de celle-ci, et il ne resterait dehors que dans des cas
particuliers pour constituer alors, à côté du noyau principal,
un noyau accessoire. Mais, et ceci Brauer le spécifie bien,
c'est là un corps qui se trouve dans le noyau outre le nucléole
(*Ascaris megalocephala*, var. *univalens*), dont il serait donc
distinct.

En somme, le point faible des vues théoriques sur l'homologie du centrosome, noyau accessoire, noyau vitellin et
nucléole, est que l'observation n'a pas encore démontré pé-
remptoirement que ces différents éléments ont une origine
identique.

Si les progrès de la science aboutissaient à cette constatation
rigoureuse, il y aurait lieu de rechercher pour quelles raisons
ces corps se comportent si différemment et pourquoi il se forme
un noyau vitellin dans les jeunes ovules. Peut-être faudrait-il
donner à ce dernier phénomène une signification atavique?

Durant le développement de certains êtres, on voit apparaître
à côté de la vésicule germinative un globule qui ne devient
visible que lorsque la tache germinative a disparu dans le
noyau, et qui peut persister plus ou moins longtemps dans
une des sphères de segmentation de l'embryon ou disparaître
rapidement. Ce globule semblerait être la tache germinative
expulsée de la vésicule germinative réduite, à la fin de la
période d'accroissement et logée à côté de celle-ci dans le corps
protoplasmique. Cet élément, qui ne prend pas part à la division
qui produira les globules polaires, est le *métanucléole* de
Hœcker, que cet auteur a vu chez l'*Æquorea Forskalia*.
Trinchese l'a vu chez certains Mollusques. De même Metschnikoff l'a décrit dans l'œuf mûr du *Mitrocoma Annæ;* il a vu,
à côté du noyau ovulaire, un élément qu'il a considéré comme
un noyau spermatique incapable d'accomplir la fécondation.
On l'a revu chez l'*Anthomedus Tiara,* le *Sagitta,* la Moule,
les Daphnides, etc. C'est probablement là aussi l'homologue
d'un élément décrit par Chun sous le nom de *Kleinkern* dans
l'ovogonie du *Stephanophyes superba.*

De ces faits, Henneguy a conclu que le noyau de l'œuf, depuis le commencement de la période d'accroissement jusqu'à la fécondation, peut expulser des éléments figurés — et spécialement les nucléoles — qui persistent plus ou moins longtemps dans le vitellus, et qui réduisent le noyau à sa partie chromatique.

Le métanucléole est le nucléole de l'ovogonie ; si l'on admet avec Julin que celui-ci se reconstitue de toutes pièces dans le noyau, il n'a donc rien à voir avec le noyau vitellin ; celui-ci est le centrosome qui a provoqué la formation de l'ovogonie. Ce nucléole est sorti de la vésicule germinative plus hâtivement que dans la règle.

VI

Globules polaires.

Le dernier phénomène, accompagnant la maturation de l'œuf, est la production, à sa surface, aux dépens de sa substance et par une sorte de bourgeonnement, de corpuscules particuliers, découverts dès 1837, et généralement appelés *globules polaires*.

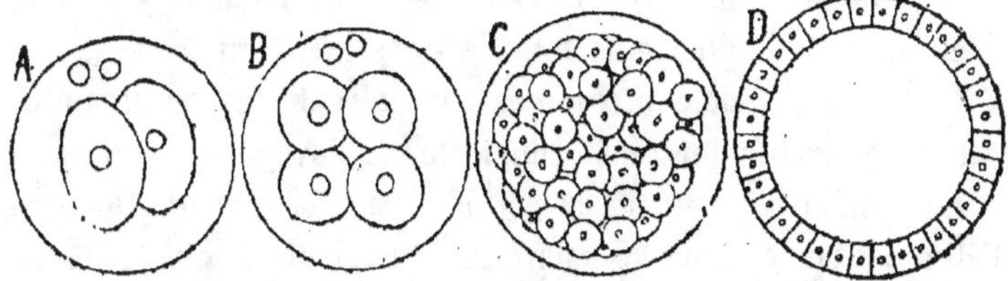

Fig. 65. — Premiers stades du développement de l'œuf avec ses globules polaires.

Ces corpuscules apparaissent au pôle formateur, c'est-à-dire au point où se développera plus tard l'embryon, point opposé à celui par lequel l'œuf adhérait à l'organisme souche.

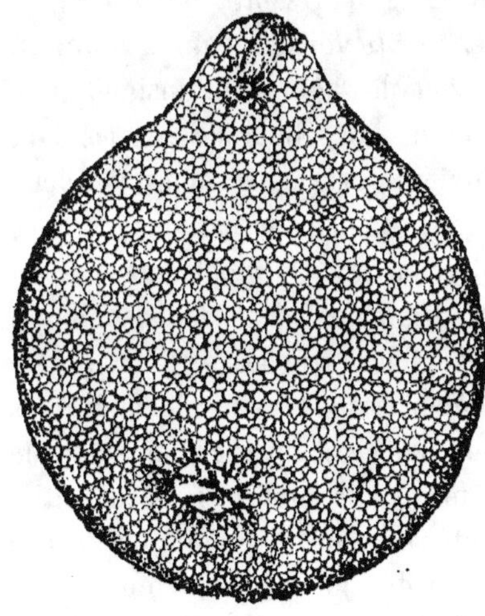

Fig. 66. — Archiamphiaster au pôle supérieur.

Ces globules doivent leur origine à un processus analogue à celui de la division indirecte des cellules, et sont dus essentiellement à la division de la vésicule germinative en deux parties égales. Le corps protoplasmique de l'œuf se divise aussi, mais en deux portions fort inégales : l'une grosse, qui formera l'embryon, l'autre beaucoup plus petite, le globule polaire. L'ensemble du phénomène paraît identique à une division cellulaire mitotique ordinaire, avec cette différence que les produits en sont inégaux. La figure étoilée qui produit le premier globule polaire est l'*archiamphiaster*.

D'après Julin, chez le *Styelopsis*, les globules polaires se produisent sans l'intervention d'un centrosome. De même, Boveri a établi que, chez l'*Ascaris megalocephala*, certaines Ascidies, le *Sagitta*, le *Ciona*, de même que Vejdovsky sur le *Rhynchelmis*, le fuseau directeur qui donne naissance aux globules polaires est dépourvu de centrosomes et ne présente pas les irradiations polaires qui sont souvent la seule manifestation tangible de la présence de ces éléments. Il y a donc déchéance du centrosome femelle dans l'œuf mûr.

Cette absence de centrosomes aux pôles du fuseau de maturation se produit lorsque le nucléole de l'ovogonie se résorbe complètement à la fin de la période d'accroissement. Quoique l'élimination des globules polaires ait lieu, malgré cela, le phénomène présente cependant quelques particularités. En l'absence de centrosomes, une très petite quantité de protoplasma est expulsée et l'aspect du phénomène se rapproche le plus du bourgeonnement. Cet aspect s'observe chez certains Insectes : d'après Henking, chez l'*Ascaris*, l'*Ascidia mentula*, le *Sagitta*; d'après Boveri, chez le *Styelopsis*; d'après Julin, où les globules polaires ne sont que des bourgeons insignifiants.

Si, au contraire, le nucléole de l'ovogonie persiste pendant la maturation, on constate toujours des centrosomes aux deux bouts du fuseau de maturation, et, dans ce cas, les globules polaires entraînent une notable partie du protoplasma.

Boveri a émis des vues fort originales sur le centrosome qui accompagne la formation des globules polaires. Pour lui, le centrosome femelle est un élément destiné à devenir caduc dans l'œuf mûr et à être remplacé par celui du spermatozoïde; le centrosome propre de l'œuf mûr est affaibli et souvent entièrement atrophié. Cette caducité se traduit par son impuissance à déterminer plus longtemps la division du jeune œuf, et, en conséquence, celui-ci s'accroît (période d'accroissement). Dans une foule de cas de formation de globules polaires, le centrosome du fuseau directeur proviendrait du spermatozoïde qui a pénétré dans l'œuf, lors de la fécondation, et qui est, relativement, bien plus gros que le centrosome des cellules ordinaires. Comme espèces rentrant dans cette catégorie, on peut citer l'*Ascaris megalocephala*, le *Rhynchelmis*, des Ascidies, des Ciones, le *Sagitta*, le *Pieris*, l'*Agelasseia*, le *Pyrrhocoris*, et, en général, toutes les formes qui possèdent un noyau vitellin ordinaire (¹).

Pour Henking, qui n'admet pas la présence d'un centrosome dans le spermatozoïde, le centrosome du fuseau directeur est constitué par une substance à laquelle il donne le nom d'*arrhénoïde*, et qui dériverait de la partie du spermatozoïde située immédiatement derrière la tête, région qui, suivant lui, aurait pour origine le noyau accessoire et la portion postérieure du mitosoma.

Il est juste de remarquer que ces vues ne reposent pas sur des observations directes positives.

Chez les Salmonides, le fuseau du premier globule polaire se constitue pendant que l'œuf est encore dans l'abdomen de la femelle et, par conséquent, en dehors de l'intervention de toute espèce d'élément mâle.

Comme exemple de formation de globules polaires, on peut citer l'*Ascaris megalocephala*, d'après Hertwig. Les jeunes ovules en voie de développement contiennent quatre chromosomes, comme toutes les cellules du corps de cet organisme. A la fin de la période d'accroissement et de repos, il se constitue un peloton dans la vésicule germinative, puis quatre chromosomes qui se dédoublent, et le fuseau se rend vers la périphérie de l'œuf, où quatre chromosomes sont expulsés avec leur part de fuseau. Puis, sans repasser par les

---

(¹) Il est remarquable que les nombreux auteurs, tels que H. Ludwig, Balfour, J. Barrois, Locy, Morin, Schimkewitsch, Kishinouye, etc., qui ont étudié les Araignées et les Myriapodes, dont le noyau vitellin présente un développement particulier, n'ont pas signalé de globules polaires.

phases inverses et retourner au repos, le noyau restant constitue un nouveau fuseau, dans lequel les quatre chromosomes se dédoublent deux par deux, et ceux qui sont du côté de la périphérie sont expulsés. Par le fait de cette division anormale, l'œuf mûr ne présente plus que deux chromosomes, et le *pronucleus* est un noyau incomplet. Le premier globule polaire possède quatre chromosomes; le deuxième et l'œuf réunis en ont quatre.

Le premier globule se divise lui-même quoique pas toujours, par une division anormale, et chaque moitié ne conserve que deux chromosomes; il se forme ainsi, généralement, deux *globules secondaires.*

Ici, comme dans la formation des spermatides, il y a donc deux divisions différentes des divisions ordinaires, s'effectuant sans phase intermédiaire de repos et constituant quatre éléments contenant chacun un quart ou, peut-être mieux, la moitié de la chromatine de l'élément souche. De là on conclut généralement à l'homologie de ces deux sortes de corps. Il n'y aurait là que des différences de dimensions, et les trois globules polaires seraient des gonocytes avortés. Dans la division du spermatocyte en spermatides, les centrosomes interviennent toujours et le protoplasma du premier se divise au même titre que le noyau; aussi la spermatide renferme-t-elle toujours à côté de son noyau un centrosome qui sera le futur spermocentre. Un semblable élément ne se voit que dans les ovules dont les globules polaires se produisent sous l'influence d'un centrosome; dans les autres cas, on ne voit pas cet élément à côté du noyau ovulaire.

Les inégalités observées entre l'œuf et le spermatozoïde s'expliquent parfaitement par des raisons physiologiques. Le rôle des spermatozoïdes est de rechercher l'œuf; aussi, leur nombre, leur mobilité et leurs faibles dimensions, sont-ils d'excellentes conditions pour leur permettre de se répandre; ce sont les éléments les plus petits du corps; ils ont le minimum de volume possible, et leur pauvreté en protoplasma leur rend tout développement ultérieur impossible. Il a nettement les caractères du mâle ; sa vie est faite d'*extériorité*, comme dit Koehler ; il est voyageur, chercheur, en quelque sorte centrifuge.

L'œuf, au contraire, a pour tâche de réunir les matériaux nécessaires à l'organisme futur, et son vitellus renferme tout ce dont le futur être a besoin. Un œuf bien pourvu de substances nutritives aura plus d'utilité pour la propagation de l'être qu'une foule d'éléments analogues mal armés pour la concurrence vitale. D'un autre côté, il est peu possible aux êtres vivants de produire beaucoup d'œufs également bien conditionnés. Les ovules se différencient donc en deux catégories : ceux qui se développeront et qui sont les éléments les plus volumineux du corps, pouvant atteindre des dimensions quelquefois colossales, les œufs, et ceux qui s'adaptent pour protéger et même nourrir les premiers. L'œuf a des caractères analogues à ceux de la femelle, dont la caractéristique est dans une vie moins active, plus centripète, une vie d'*intériorité ;* l'œuf est immobile, grand et protégé par des enveloppes. Tout développement ultérieur de l'œuf est rendu impossible par l'impuissance de son centrosome, qui est affaibli ou qui a même disparu par atrophie. De là, la nécessité de son renforcement par le remplacement au moyen du centrosome du mâle. Cet acte constitue le phénomène de la fécondation, qui sera étudié dans le chapitre suivant.

Le nombre des globules polaires est assez constant. Les œufs qui pour se développer doivent être fécondés, produisent deux globules polaires, quel que soit le sexe des produits. Cette règle a été établie sur les observations connues, au nombre d'environ une centaine, toutes concordantes. Cependant, il y aurait quelquefois trois globules polaires.

Il n'en n'est plus de même lorsqu'on considère les phénomènes de la parthénogenèse, c'est-à-dire la reproduction par des femelles vierges, phénomène qui s'observe surtout chez certains Arthropodes, tels que les Crustacés et les Insectes ([1]).

([1]) Il y a lieu de distinguer deux sortes de parthénogenèse : la *parthénogenèse vraie,* qui est rare, et la *fausse parthénogenèse,* qui s'observe fréquemment. Cette

Les œufs parthénogénétiques ne produisent qu'un seul globule polaire, et ils ne donneront naissance qu'à des femelles. Il peut même arriver, dans certains cas, par exemple chez une Étoile de mer, que le deuxième fuseau de division se constitue; mais le phénomène ne va pas loin, et le noyau se reconstitue. La réduction karyogamique ne se voit donc pas ici, et la moitié du noyau non expulsée paraît remplacer le spermatozoïde.

D'après cela, certains naturalistes ne paraissent pas éloignés d'admettre là une sorte d'autofécondation, de fécondation passive, et cette fécondation de l'œuf par lui-même leur apparaît surtout frappante dans le cas cité d'une reconstitution secondaire du noyau.

Cette reproduction parthénogénétique a pour effet de déterminer la production de beaucoup plus d'unités que la reproduction précédée de l'accouplement sexuel; c'est là un phénomène analogue à ce qui se voit pour la division des Infusoires entre deux conjugaisons.

Il est des œufs parthénogénétiques qui doivent donner naissance à des mâles, par exemple, ceux des Abeilles, de la *Musca vomitoria,* du *Lisparis dispar,* et qui présentent deux globules polaires plus ou moins complètement développés. Ici, on ne constate donc aucune espèce de fécondation passive; la parthénogenèse est vraie. Ce ne sont, du reste, pas là des œufs parthénogénétiques par essence, et ils peuvent être fécondés. Ainsi, chez l'Abeille, si les œufs parthénogénétiques forment des mâles, les œufs fécondés produisent des femelles. Ces œufs peuvent donc être fécondés, suivant le hasard des circonstances, et ils ne sont qu'*accidentellement* parthénogénétiques. On observe un passage à cet état, chez certains organismes, tels que la Grenouille, le Ver à soie, etc., dont

---

dernière, qui s'observe notamment chez les Rotateurs, le *Leptodora hyalina,* le *Polyphemus oculus,* le *Cypris reptans,* les Daphnies, les Aphidiens, le Phylloxera, etc., chez lesquels il y a alternance entre la reproduction sexuée et la reproduction parthénogénétique; en été, on n'observe que des femelles qui pondent des myriades d'œufs à coque mince. Au contraire les œufs d'hiver, qui doivent être fécondés, sont peu abondants et possèdent des coques épaisses.

les œufs, sans fécondation préalable, présentent un commencement de développement, mais qui ne va pas loin.

Quand les œufs produisent des hermaphrodites, la formation des globules polaires est encore mal connue.

Enfin, chez les œufs progénétiques (¹), improprement appelés germes ou spores, qui se voient chez le Chironome, le Miastor, les Sporocystes, les Rédies, les Orthonectidés, etc., toute trace de l'expulsion des globules polaires peut disparaître.

Il y a quelques années, le public scientifique se trouvait en présence d'une étonnante découverte. Weismann et Ishikawa, étudiant la reproduction du *Moina paradoxa*, découvraient que l'œuf d'hiver de cet être laissait voir longtemps après la

---

(¹) La progenèse est la formation de produits sexuels plus ou moins précoce, antérieure au développement complet de l'être procréateur, telle que celle qu'on observe chez l'Axolotl et le Triton. La progenèse peut être limitée à un sexe, à la femelle, par exemple (Puceron, Stylops). Quand ce fait se présente chez le mâle, celui-ci produit des spermatozoïdes avant son entier développement (mâle parasite de la Bonellie, mâle nain des Cirripèdes, mâles pygmées des Rotifères, mâle de l'Anguille). Dans certains cas, l'animal présente successivement les deux sexes avec progenèse pour l'un des deux. Quand le sexe mâle apparaît le premier, on a la progenèse protandrique; quand c'est le sexe femelle, la progenèse protogynique. Certains Crustacés cymothaodiens rentrent dans le premier cas; ils présentent d'abord des organes mâles et deviennent femelles en vieillissant. Chez les Gallinacées, la femelle pond à l'état jeune et prend plus tard des caractères masculins. On connaît des cas de progenèse protogynique poussés extrêmement loin. La reproduction se fait sans le concours de l'élément mâle, et l'on arrive ainsi par dégradation à une génération agame; c'est la pédogenèse des larves de Miastor, de Chironome, de certains Pucerons. La prétendue génération alternante des Trématodes (sporocystes) est peut-être un cas de progenèse femelle très concentré. D'autres générations alternantes sont dans le même cas. La progenèse arrête d'abord la croissance, puis momentanément ou définitivement le développement des organes, et, si on compare un être progénétique à l'autre sexe ou aux formes voisines non progénétiques, on lui trouve l'aspect d'une larve sexuée. Il y a donc antagonisme entre la genèse des éléments sexuels et le développement individuel. La progenèse se rencontre le plus souvent chez les parasites, car ils sont nourris par leur hôte et n'ont guère besoin des organes, utiles surtout aux formes libres; aussi la nutrition au lieu de servir à développer les organes, se concentre-t-elle sur les produit sexuels et leur permet-elle de se développer immédiatement au détriment de l'être souche. Cette constatation est susceptible d'une généralisation encore plus grande, et, dans certains cas de parasitisme, le parasite joue, vis-à-vis de son hôte, le rôle de ces germes hâtifs; il détourne la nutrition et empêche le développement normal, phénomène qui constitue la *Castration parasitaire* de Giard.

fécondation, même après le début de la segmentation, un spermatozoïde, à un moment où la membrane vitelline est déjà bien constituée et ne peut laisser le passage libre à aucun de ces éléments. Au bout d'un certain temps, ce spermatozoïde s'unissait à une des quatre sphères de segmentation et se fusionnait avec elle, d'où une sorte de fécondation d'autant plus remarquable qu'une partie de l'embryon seulement, une des quatre sphères de segmentation, se trouvait ainsi fécondée. Il y avait ainsi, en quelque sorte, une double fécondation.

Chez une espèce voisine, le *Moina rectirostris*, le phénomène était encore plus tardif et ne se produisait qu'après la division de ces quatre cellules en huit. Enfin, le même fait a également été observé chez deux Daphnies et un *Polyphemus*.

Ce phénomène, en contradiction avec tous les faits connus jusqu'alors, laissait le champ libre à toutes les suppositions. Une première fécondation a lieu, ici, comme d'ordinaire; la copulation observée ensuite n'est qu'un phénomène surajouté, une union de deux éléments plus grands et de forme différente de celle du spermatozoïde, dont l'un avait été préalablement rejeté.

Balbiani, depuis longtemps, a vu des faits d'un autre genre, mais qui ne laissent pas que de présenter avec ceux-ci une certaine analogie, au moins apparente. L'œuf de Chironome, à son pôle inférieur, bourgeonne un petit corpuscule nucléé, puis un deuxième; ces deux corpuscules se divisent ensuite chacun deux fois. Il se constitue ainsi un groupe de huit cellules, auxquelles Balbiani attribue l'origine de l'appareil reproducteur du Chironome. Un fait digne de remarque, c'est qu'au moment de cette formation on ne voit encore aucune trace de blastoderme ni d'embryon. Il est intéressant d'observer qu'ici, comme chez les Daphnies, ces éléments se trouvent au pôle de l'œuf où se formeront plus tard les organes génitaux, au pôle inférieur végétatif, et que les cellules de l'œuf qui s'unissent avec ces corps fournissent les cellules génératrices. Il y a cependant, entre ces éléments, une différence qui apparaît immédiatement, portant sur leur nombre et sur l'époque de leur apparition. Les uns apparaissent très tôt, les autres plus tard.

Donc, dans l'œuf en voie de maturation, on observe la naissance, au pôle formateur, de globules particuliers, et quelquefois aussi, au pôle opposé, la production d'autres corpuscules, là où apparaîtront plus tard les organes reproducteurs. Il est, du reste, douteux que ces deux ordres de corps aient absolument rien de commun. La formation des premiers éléments est accompagnée de phénomènes karyokinétiques; mais, s'ils peuvent se diviser par voie mitotique, cette multiplication est toujours limitée. Ainsi, chez le *Polyphemus,* on trouve, à la fois, des globules primaires provenant directement de l'œuf, des globules secondaires formés par la division des premiers globules, et d'autres formés par le dédoublement des globules secondaires. Quant à la division des corpuscules du pôle inférieur, auxquels on a souvent attribué jusqu'à ces derniers temps la valeur de globules polaires (Insectes, Crustacés), elle est surtout abondante chez les Insectes, quand paraissent manquer les globules polaires vrais, fait qui pouvait amener à admettre des relations de suppléance.

Si le mode de formation des globules polaires est bien connu, il n'en est plus de même de leur signification, sur laquelle on a émis les hypothèses les plus diverses.

Les premiers observateurs, frappés par ce fait que le premier plan de division de l'œuf semblait passer par le point où ils se détachent, leur attribuaient une grande influence sur l'orientation future de l'embryon et les décrivirent sous la dénomination de *globules polaires.*

D'autres y voyaient une sorte d'excrétion de l'œuf, comparable à ce qu'on observe chez les Chenilles qui vident leur intestin avant de se transformer en chrysalides, et leur appliquaient le nom de *corpuscules de rebut.*

Mais l'idée qui, avec des modifications diverses, fut la plus adoptée, est celle d'après laquelle l'œuf serait hermaphrodite jusqu'à la maturité, et le rejet des globules polaires serait l'expulsion d'une sorte d'élément mâle, rendu plus tard à l'œuf par le spermatozoïde. D'ailleurs, un fait analogue et parallèle se verrait chez le mâle, où, pendant le développement des éléments séminaux, la cellule génératrice abandonnerait l'élément femelle. Ces vues ont été principalement soutenues par MM. Sabattier, Sedwick Minot, Balfour, Van Beneden, etc., qui ont consacré de nombreux travaux à la défense de cette théorie de l'*hermaphrodisme cellulaire*. Ainsi, dans la spermatogenèse des Vers, les spermatozoïdes se forment dans la région périphérique d'un élément, puis se détachent. La partie centrale, le cytophore, persiste d'abord seul, puis disparaît. Inversement, l'œuf forme des globules polaires qui se détachent de sa périphérie et finissent par disparaître. De ces faits, on a déduit que toutes les cellules sont hermaphrodites ; les éléments sexuels se débarrassent de leur portion mâle ou femelle et acquièrent ainsi une sorte de polarité mâle ou femelle. Ces phénomènes sont précédés par un partage préalable des éléments sexuels, permettant aux mâles de se placer à la périphérie, et aux femelles de rester au centre. Chez le mâle, c'est la partie centrale qui périclite ; chez la femelle, c'est la partie phériphérique.

On peut objecter à ces vues que la formation de spermatozoïdes à la surface d'un cytophore ne constitue qu'un cas particulier, sans aucune généralité, et que les œufs parthénogénétiques eux-mêmes expulsent des globules polaires.

Weismann a emprunté à Nägeli la notion de l'*idioplasma* (¹)

(¹) Nägeli admet que la matière vivante est formée de deux substances protoplasmiques, l'une, sans grande influence, répandue en abondance dans le corps des êtres, le *stereoplasma*, forme une sorte de gangue dans laquelle se trouve plongée et répartie uniformément une deuxième substance plus importante, mais beaucoup moins abondante, qui dirige l'évolution organique, l'*idioplasma*. Si les œufs des animaux, qui ont entre eux tant de ressemblance, produisent des êtres différents entre eux, cela tient précisément aux propriétés spéciales de cette substance.

Il admet que l'idioplasma est constitué de cristallicules organiques moléculaires, les *micelles*. Ces derniers ne se touchent pas : ils sont séparés les uns des et cherche à lui donner une forme tangible en admettant qu'elle n'est autre chose que la substance nucléaire, ou une portion de celle-ci. Il admet l'existence de deux sortes d'idioplasmas dans l'ovule, le *plasma propre* ou *ovigène* qui préside

---

autres par une atmosphère d'eau, et sont disposés en rangées parallèles dans le stereoplasma, d'une façon variable avec les types considérés. Tant que les rangées de micelles n'éprouveront aucune modification, l'être ne variera pas ; mais si leur disposition réciproque, leur nombre ou leur structure viennent à changer, ces modifications retentiront sur le stereoplasma qui subira des changements correspondants. Ces variations de l'idioplasma ne se produisent pas au hasard et irrégulièrement ; elles suivent des lois fixes et vont toujours du plus simple au plus complexe.

Pour Nägeli, les variations des êtres sont donc dues à des causes internes. L'action du milieu n'a pas le rôle fondamental que lui assigne Darwin. Les mutations des espèces ne sont pas livrées au hasard, ni aux fluctuations du milieu extérieur ; elles sont régies par les lois d'une complication ascendante, presque mathématique, avec une grande régularité. Une forme complexe a été précédée d'une forme plus simple, et produira un type encore plus compliqué.

La lutte pour l'existence n'est plus le facteur le plus puissant de la création des espèces ; elle ne joue que le rôle secondaire d'un processus destructeur qui bouleverse les séries et les coupe en tronçons, mais sans jamais rien édifier.

Il partage les variations des êtres en deux catégories, les *variations passagères* et les *variations durables*.

Les premières se produisent sous l'influence de causes externes directes, telles que les conditions climatériques, les changements de régime, etc. Par exemple, certaines plantes alpestres qui vivent à de hautes altitudes depuis les temps historiques les plus reculés ont acquis certains caractères tout particuliers. Transplantées et cultivées en plaine, elles ne tardent pas à reprendre leurs caractères primitifs. Cette fugacité est le propre des caractères acquis sous l'influence directe *et unique* des agents extérieurs. On pourrait comparer ces variations aux déformations que l'on fait subir à un corps sans dépasser les limites de son élasticité.

Les variations durables sont la conséquence d'une modification de l'agencement des micelles. Elles sont elles-mêmes de deux sortes : les unes produites avec le concours des agents extérieurs, les autres par la seule action des causes internes. Ce sont ces dernières qui provoquent les variations importantes, l'organisation fondamentale et la division du travail physiologique.

Les variations durables qui se produisent sous l'influence des causes externes ne changent en rien l'organisation fondamentale des êtres. Elles leur donnent leur cachet propre, leurs caractères extérieurs, leurs couleurs ; les faits de mimétisme par exemple, peuvent être rangés dans cette catégorie.

S'il n'y avait jamais eu d'excitation venant de l'extérieur, l'organisation se serait élevée, mais cette complication organique seule existerait et les êtres ne nous offriraient pas cette diversité de formes que l'on peut constater.

Dans ce processus, la lutte pour l'existence n'a qu'un rôle perturbateur ; elle rend les séries discontinues, favorise les espèces les mieux partagées, supprime les autres et a pour effet immédiat de limiter le trop grand nombre de formes organiques qui pourraient encombrer la surface du globe.

à l'évolution de l'œuf, jusqu'à sa maturité, et qui le fait vivre, et le *plasma germinatif* ou *ancestral* qui guide l'évolution de l'œuf en embryon. La formation des globules polaires serait un phénomène ayant pour but essentiel d'expulser des substances et des forces que l'ovule ne doit pas conserver, et dans chacun des deux une sorte d'idioplasma différente serait rejetée. Dans le premier globule polaire, le plasma propre, devenu inutile, puisque l'évolution de l'œuf est achevée, serait rejeté; par le deuxième globule se trouverait expulsée une partie du plasma germinatif. La fécondation serait destinée à rendre à l'œuf l'énergie et la matière perdues par la formation de ce deuxième globule. D'après ces vues, Weismann a pensé que les œufs parthénogénétiques n'étant pas fécondés ne devaient pas rejeter le deuxième globule polaire pour que leur développement ultérieur soit possible, et l'observation a confirmé cette prévision. Malgré cette concordance, il est bien évident que toute cette théorie est dépourvue de base réellement scientifique.

La multiplicité des théories exprimées montre bien de quelle profonde obscurité est entourée la véritable signification de ces phénomènes, et il est curieux de constater que les hypothèses peut-être les moins soutenables sont celles qui ont eu le plus de vogue. Ainsi la théorie de Weismann, qui a eu tant de retentissement, échappe par elle-même à tout contrôle. Est-elle seulement plausible? Est-il probable, par exemple, si l'on admet avec cet auteur que l'idioplasma ovigène devenu inutile est expulsé, qu'il le soit avec tant de constance dans le règne animal et constitue le point de départ d'un processus si remarquable? Les parties devenues inutiles sont-elles généralement ainsi rejetées?

Les théories précédentes sont principalement physiologiques; elles ne rendent pas compte de la valeur morphologique de ces formations. Giard a édifié, le premier, une hypothèse réellement morphologique. Pour lui, la formation des globules polaires est comparable aux divisions qui se voient au sein du kyste des Protozoaires, kystes comparables aux œufs des Métazoaires, et par le moyen desquels se constituent une foule d'êtres nouveaux, aptes à reproduire l'espèce. Mais, dans l'œuf, grâce à la concurrence vitale qui s'établirait entre les produits de ce phénomène reproducteur, tous les germes, à l'exception d'un seul, avorteraient. Les globules polaires rappelleraient ainsi ontogéniquement l'état phylogénique de Protozoaire et constitueraient donc le stade *Protozoaire* dans l'embryogénie des Métazoaires. Ce seraient des embryons détachés qui, non nourris d'abord, non fécondés ensuite, resteraient stériles ; ils n'auraient donc plus aucun rôle physiologique, et leur signification serait simplement atavique.

Chose curieuse pour une interprétation aussi séduisante, cette hypothèse n'a attiré que peu de partisans à son auteur.

J'ai autrefois défendu une opinion fort analogue (*Revue scient.* du 1ᵉʳ janvier 1887), en l'étayant de quelques arguments nouveaux. J'avançais alors que les globules polaires pouvaient probablement être considérés comme des germes avortés, mais ceci d'une manière générale, en dehors de toute idée restreinte de Protozoaires et de Métazoaires.

Jhering a repris cette idée sous une autre forme, très ingénieuse, en s'appuyant sur des faits d'un haut intérêt morphologique, tels que sa découverte de neuf embryons de même sexe dans un œuf de *Praopus hybridus*. — Le *Lumbricus trapezoides* présente des faits analogues.

En faveur de l'hypothèse de Giard, on peut invoquer la formation des globules polaires par voie mitosique, c'est-à-dire par un processus analogue à celui qui s'observe dans la segmentation de l'œuf en parties équivalentes. Le volume inégal des globules polaires et de l'œuf ne saurait détruire la valeur de cette comparaison (1), et il se peut parfaitement qu'à

---

(1) Il existe, en effet, des segmentations inégales, poussées encore plus loin dans les segmentations partielles. La segmentation typique est égale. La première modification consiste dans l'apparition, à certains stades, de produits inégaux. Ensuite, elle peut devenir inégale dès le début *(Fabricia)*, par un phénomène de

l'origine ces cellules rudimentaires aient été les équivalents de l'œuf.

Pour Giard, le véritable œuf est l'ovogonie, et celui-ci, après la formation d'un globule polaire, n'est donc plus un œuf, mais une cellule nouvelle, la sœur du premier globule polaire, la macrosphère fille de l'œuf, et il l'appelle *gynocelle*. De même, après qu'une seconde mitose a donné naissance au deuxième globule polaire, l'élément restant est la petite-fille de l'œuf ou *gynogamète* (*gonocyte femelle* de Van Beneden, *genoblaste femelle* de Minot). C'est là l'élément qui doit se conjuguer avec l'androgamète, l'élément sexuellement différencié.

Il fonde l'atrophie des globules polaires sur une lutte entre les éléments reproducteurs (¹), sans insister sur la manière dont on peut expliquer comment ce phénomène, qui a dû, naturellement se produire après la formation des embryons théoriques, a pu retentir sur leur genèse. Si l'on peut comprendre, en effet, aisément, comment il peut se faire que la

---

coenogénie, jusqu'à ce que, seules, les petites cellules se segmentent d'abord, et seulement plus tard la grande masse de l'œuf. — *Coenogénie* et *palingénie* sont deux termes de Häckel. Ils correspondent à ce que Giard avait appelé *embryogénie condensée* ou *embryogénie dilatée*. Par exemple, le *Penœus*, la Phallusie et la Grenouille sont des types palingénétiques ou à embryogénie dilatée. L'Écrevisse, la Molgule (*Anurella*, Lac. Dut.), le *Pipa* sont des types coenogénétiques ou à embryogénie condensée. Certains types ont, à la fois, des espèces coenogénétiques et palingénétiques. Ainsi, l'*Asterias sanguinolenta* est coenogénétique, tandis que l'*Asterias rubens* est palingénétique. Enfin, on peut citer deux exemples d'espèces coenogénétique ou palingénétique, suivant leur habitat. Giard a vu que le *Palœmonites varians* est coenogénétique dans les lacs des environs de Naples, et palingénétique dans les lagunes saumâtres du Pas-de-Calais. Deux femelles de même taille et de même poids portent, l'une, la napolitaine, une trentaine d'œufs, l'autre, la septentrionale, trois cent quatorze œufs. Mais ces derniers ont un diamètre moindre d'un tiers et leur évolution est dilatée. Portschinsky a observé que le *Musca carnivora* des environs de Saint-Pétersbourg pond environ vingt-huit œufs de petite taille et à développement palingénétique, tandis qu'en Crimée cette mouche pond un seul œuf très volumineux et coenogénétique. Dans les deux cas, les adultes sont parfaitement identiques. Ainsi les œufs les plus petits présentent les plus longues évolutions, et les climats froids y prédisposent plus.

(¹) Il peut être utile de faire remarquer ici qu'il n'y a presque jamais *lutte*, dans le sens conventionnel du mot, soit entre des éléments, soit entre des êtres. C'est là une expression dérivée des théories de Darwin et évoquant certainement une conception contestable.

segmentation de l'œuf soit inégale, grâce à l'acquisition de caractères évolutifs particuliers que les organismes peuvent montrer dès le début de leur développement, il n'en saurait être tout à fait de même pour les globules polaires. Il peut paraître remarquable que l'atrophie d'un corps libre ait pu retentir sur l'être souche, au point de lui communiquer la propriété de former des œufs qui se divisent inégalement. D'un autre côté, le stade ontogénique de la formation de ces globules une fois passé, la segmentation de l'œuf produit de nouveaux éléments pour lesquels la concurrence vitale ne paraît plus si redoutable, qui même perdent une grande partie de leur individualité pour constituer un tout nouveau et unique qui n'est autre que l'organisme produit par l'œuf. L'archiamphiaster a une position excentrique, comme dans la segmentation inégale ou partielle. Dans ces derniers cas, l'explication du fait se trouve dans la position du vitellus de formation; la portion essentiellement vivante du protoplasma est seule à se diviser. Le fuseau de division des globules polaires est toujours excentrique, même en l'absence de tout deutolécithe, et quoique la segmentation subséquente puisse être régulière. L'hypothèse de Giard, pas plus que celle de Jhering, n'explique aucunement la constance si générale du nombre de deux globules polaires. Il semblerait, au contraire, que d'après elle, plus le type considéré se rapprocherait de la base du règne animal, plus le nombre de ces corpuscules devrait augmenter, et que l'on ne devrait guère rencontrer, avec une constance frappante, une formation de quatre éléments, aussi bien chez le mâle que chez la femelle.

En oubliant, pour un moment, que les Protozoaires sont des êtres et non des éléments reproducteurs et en admettant que leur kyste, qui produit des rejetons multiples, puisse être absolument comparé à l'œuf des Métazoaires, il est aisé de comprendre la raison de la réduction du nombre des embryons plus parfaits de ces derniers. La complexité exclut naturellement la multiplicité; il peut s'être produit là un phénomène analogue à ce qui se voit pour les spermatozoïdes et les œufs, dont les uns, fort petits, sont nombreux, tandis que les autres, gros et chargés de matière de réserve, sont en nombre bien inférieur.

Il convient toutefois de faire remarquer que l'expulsion des globules polaires est un phénomène de maturation et non de développement. Ces éléments sont rejetés avant la fécondation, tandis que la conjugaison des Protozoaires, comparable à celle-ci, précède l'enkystement. Par conséquent, les globules polaires paraîtraient plutôt devoir être rapprochés, non plus des productions kystiques, mais des générations agames qui précèdent la reproduction par gamètes, par exemple, de certains Flagellés, coloniaux, ou certains états palmelloïdes, ou certaines divisions libres, si toutefois il est admissible qu'une propriété ancestrale comme la division, qui paraît se perdre partout avec une grande facilité, ait persisté avec tant de constance dans l'évolution des animaux, et ceci avec ce caractère particulier que le nombre des divisions est réduit uniformément à deux, alors que tant d'autres phénomènes importants ne laissent aucune trace dans l'ontogénie de la plupart d'entre eux. — Du reste, les considérations qui précèdent ne s'opposent peut-être pas à ce qu'on puisse considérer le kyste des Protozoaires comme un œuf à embryons multiples, quoique sans rapport avec les globules polaires.

Les travaux récents sur la conjugaison des Infusoires ont eu pour effet d'engendrer d'autres théories morphologiques des globules polaires. Hertwig, Strassburger, Whitman les ont comparés aux cellules du canal des Muscinées, des Cryptogames vasculaires et des Conifères. Whitman fait remarquer que, chez les Infusoires, la conjugaison est suivie d'une reproduction par scissiparité, dont les produits ultimes se reproduisent par voie sexuelle. Mais tandis que, chez eux, tous les individus produits sont capables de se reproduire par voie sexuelle, chez les plantes, cela n'est vrai que pour un petit nombre (cellules du canal), et chez les Métazoaires, la génération sexuelle est suivie d'une série de générations agames, dont la dernière est représentée par les globules polaires; après la production de ceux-ci, on a l'œuf mûr. Pour la compréhension de ces nouvelles idées, une étude rapide de la conjugaison des Infusoires peut être utile.

Chez une foule de Protozoaires, la reproduction par division ou par bourgeonnement est probablement précédée par une *conjugaison*, c'est-à-dire par une union ou une fusion temporaire, ou par une *copulation*, c'est-à-dire par une fusion complète et durable de deux individus.

Chez les Infusoires, il existe des cas de fusion complète de deux êtres, par exemple chez les Vorticelles, où il y a une véritable copulation. Dans cette zygose, une des deux gamètes est morphologiquement différente de l'autre, et elle disparaît complètement. Mais le plus souvent il n'y a qu'une union temporaire, une conjugaison.

Les influences sous lesquelles la conjugaison se produit ne sont pas encore mises en pleine lumière. Les principales causes invoquées sont extérieures; on peut citer, par exemple, l'éclairage du microscope, la dessiccation, la pénurie de la nourriture, etc. Ainsi, d'après les vues courantes, lorsque ces organismes sont mal nourris, leur division devient plus active, d'où découle naturellement une réduction de leur taille, étant donné qu'il leur est peu possible de s'accroître suffisamment entre deux divisions consécutives. Ces divisions (quelquefois il n'y en a qu'une seule), non suivies d'accroissement, produisent de petites gamètes dont les organes sont relativement mal formés et sont le préambule de la conjugaison. Pour empêcher ce phénomène, il suffit de bien nourrir les Infusoires. Mais ici encore l'énergie vitale baisserait après un grand nombre de divisions, et ce phénomène serait le début d'une dégénérescence sénile, avec atrophie du noyau, qui les voue à la mort. Ainsi, sans l'intervention de la reproduction périodique sexuelle, qui constituerait donc un *rajeunissement*, il y aurait décrépitude. Par exemple, le

Stylonichia pustulata, isolé et cultivé, commencerait à dégénérer au bout de quatre mois, à la 230e génération, et l'on a constaté leur mort au cinquième mois, à la 316e génération, terme précédé d'une réduction de la taille et d'autres signes de dégradation pouvant aller jusqu'à l'atrophie complète de leurs organes. Ainsi, l'appareil buccal disparaît, les noyaux se modifient, le corps se ratatine, la forme s'altère et aboutit à des contours plus ou moins monstrueux. D'autres espèces montrent des faits analogues, et la résistance constatée a été fort variable. Il est à remarquer que les Infusoires ne se conjuguent pas avec des individus d'une même culture, phénomène qui a été rapproché des faits que l'hermaphrodite ne se féconde généralement pas lui-même, et que les unions consanguines produisent des rejetons médiocres. Le rythme sexuel ainsi provoqué reçoit une séduisante confirmation dans la comparaison de la division des cellules de Métazoaires avec les divisions des Protozoaires, qui n'en différeraient que parce que les produits en deviennent libres. Les cellules somatiques des Métazoaires se multiplient aussi dans certaines limites ; mais, n'étant pas rajeunissables par conjugaison, elles sont vouées à une mort irrévocable.

De ce qui précède il paraît résulter que la conjugaison des Infusoires constituerait une sorte de phénomène sénile, et non pas un symptôme de maturation de l'être en pleine force. Cette reproduction sexuelle qui se produit lors du ralentissement de la nutrition et sous l'influence de diverses autres causes, rappelle instinctivement la fleuraison particulière de l'arbre qui souffre et amène l'impression d'un accouplement anormal. Rolph a conclu des faits qui précèdent que la fécondation est une sorte de digestion mutuelle. Il n'y a toutefois ici ni digestion ni assimilation dans le sens ordinaire du mot. De plus, les produits nutritifs, pour être assimilables, ont besoin d'une élaboration spéciale, et l'ensemble du phénomène est lent et exige un certain temps, tandis que l'action de la fécondation est immédiate.

Les vues ci-dessus énoncées sont adoptées par certains auteurs avec une conviction profonde. Cependant, certaines observations précises ne laissent pas que de produire un certain doute. Pour la description détaillée de ces expériences, je laisserai la parole à Balbiani, qui les a commencées; mais elles peuvent être résumées en peu de mots. Il y a une quinzaine d'années, Balbiani a isolé une Paramœcie et l'a placée dans un milieu stérilisé, mais pourvu d'abondants matériaux nutritifs. Par ses divisions successives, cet individu a donné naissance, jusqu'aujourd'hui, à un nombre incalculable de descendants. J'ai continué ces cultures à Bordeaux depuis plusieurs années; M. le professeur Jolyet, de la Faculté de médecine de Bordeaux, les a étendues à de grands bacs, de manière à produire la masse d'Infusoires nécessaire à ses expériences physiologiques. La multiplication continue toujours avec la même activité dans ces cultures pures, qui ne contiennent absolument que des Paramœcies descendant d'un individu unique primitif, et celles-ci ne montrent aucun caractère de sénilité ni aucune tendance à la conjugaison. Devant ces faits, que devient l'opinion d'après laquelle le cycle de conjugaison revient avec régularité? Les résultats auxquels il est fait allusion, notamment ceux de M. Maupas, sont peut-être un peu attribuables aux conditions un peu spéciales dans lesquelles ont été faites ces expériences. Il y a probablement lieu d'attendre la répétition de ces expériences avant de fonder sur elles des théories. En somme, les raisons pour lesquelles l'Infusoire soumis à une alimentation abondante ne se conjugue pas, tandis que l'individu mal nourri le fait, sont obscures, et il est difficile de comprendre pourquoi l'un ou l'autre régime puisse modifier son état organique interne au point de provoquer des phénomènes si différents. Quoi qu'il en soit, avant de se conjuguer, ainsi que l'a vu Balbiani, les Paramœcies présentent une grande vivacité de mouvements; elles paraissent excitées, se rassemblent en groupes, jouent en quelque sorte deux à deux, se tâtent avec leurs cils, nagent en s'accolant, se séparent de nouveau pour recommencer, et ainsi de suite. Finalement, elles restent accolées d'une manière durable, par paires ; mais cette réunion ne se produit pas toujours entre les individus qui étaient d'abord ensemble, de telle sorte que l'on est presque fondé à admettre un certain choix. Ces syzygies ne se produisent pas chez des individus isolés et à des moments indifférents ; elles paraissent porter sur la majorité des individus d'une même infusion, et l'on admet leur retour périodique, en quelque sorte rythmique.

Ce rythme sexuel est dû, pour Julin, à ce que le noyau se divise dans les divisions ordinaires, et qu'il lui paraît impossible d'admettre que sa substance puisse s'accroître et fonctionner indéfiniment. Aussi son activité physiologique doit-elle s'épuiser peu à peu et lui-même dégénérer. C'est alors qu'interviendrait la conjugaison qui régénère un nouveau noyau, capable de présider à un nouveau cycle de divisions. Remarquons, toutefois, que lorsqu'on fournit une nourriture abondante à des Infusoires même déjà entrés en syzygie, la conjugaison cesse.

Dans la karyogamie, deux individus ayant subi l'évolution préalable s'accolent par la bouche et par une certaine étendue de leur surface. Le noyau, de même que dans la division ordinaire, se condense en une masse globuleuse, que certains observateurs pensent être constituée par un cordon enroulé en peloton. A cet état, il reste rarement entier. C'est ce qui arrive chez le *Paramœcium bursaria*, où le noyau de chaque individu continue à vivre et où il s'accroît même plus tard.

Chez le *Chilodon cucullulus*, le *Colpidium colpoda* et le *C. glaucoma*, le noyau reste aussi entier ; mais vers la fin de la conjugaison, ou quelquefois plus tard seulement *(Chilodon)*, cet élément meurt. Ainsi, chez les *Colpidium*, il devient de plus en plus petit et plus dense, et se transforme en une sphère sombre, homogène et brillante. C'est là un aspect qui se retrouve dans les corps protoplasmiques au repos ou en voie de dégénérescence, et qui a été observé, par exemple, dans les noyaux mourants des tissus malades, aspect bien différent de celui de la vésicule germinative, qui, pleine de vie, est grande et claire. Ce noyau peut aussi acquérir des contours irréguliers et son contenu se diviser en morceaux de grandeur variable. En un mot, c'est là un phénomène de dégénérescence et de désagrégation.

Mais chez la plupart des Ciliés, le noyau se fragmente en morceaux dès l'abord. Dans les noyaux articulés, les articles se séparent et s'arrondissent, et souvent se divisent eux-mêmes encore. Quand les fragments sont peu nombreux, leur nombre est généralement constant; mais si la fragmentation continue, ce nombre devient variable. C'est là un obstacle à l'assimilation de ce processus avec la division du peloton en chromosomes. Cette fragmentation nucléaire est un processus sénile, observé aussi chez les plantes et les éléments malades. Les fragments du noyau disparaissent plus ou moins vite, probablement, dans la règle, par résorption. Certains auteurs pensent que quelquefois ils sont expulsés par l'anus.

J'ai observé, chez la Paramœcie verte, un processus qui n'est peut-être pas sans relation avec le phénomène précédent. Certains individus, moins grands et moins verts que les autres

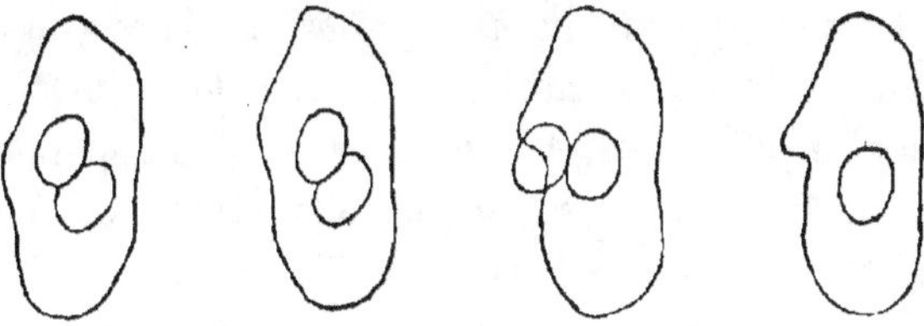

Fig. 67. — Paramœcie verte expulsant un corps d'aspect nucléaire.

dont les granules verts présentaient des contours grisâtres ou noirâtres, montraient, dans la région nucléaire, un corps réfringent divisé en deux. Ces corps se rapprochaient de la paroi du corps, et j'ai pu nettement constater l'expulsion de l'un d'eux.

Peu de temps après le commencement de la conjugaison, le ou les nucléoles s'accroissent et se multiplient par division.

Les produits de ces divisions s'atrophient et se résorbent à un certain nombre près. Le plus fréquemment, il en persiste deux.

Ainsi, chez l'*Euplotes patella*, le nucléole se divise trois fois de suite et forme ainsi huit corpuscules, dont six se résorbent; chez le *Paramœcium bursaria*, il y a aussi trois divisions, et il persiste finalement deux nucléoles; chez le *Paramœcium aurelia*, qui possède deux nucléoles, on observe trois bipartitions, de façon qu'il existe huit corpuscules dont sept s'atrophient et le corps restant se divise en deux; chez le *Paramœcium caudatum*, il y a aussi une triple bipartition, suivie de la formation de huit corpuscules, mais trois seulement avortent. Chez le *Colpidium colpoda*, qui n'a qu'un seul nucléole, les phénomènes présentent une marche plus simple. Pendant que le noyau montre des indices d'une régression lente, le nucléole constitue deux, puis quatre éléments de chromatine, dont trois s'atrophient bientôt, et un seul persiste; il ne s'y trouve donc plus alors que le quart de la chromatine primitive (Julin). Le nucléole se divise en deux corps nouveaux

La manière dont le nucléole se divise présente un certain intérêt; chez le *Stylonichia mytilus*, les nucléoles grossissent, deviennent granuleuses, puis montrent, à leur surface, une membrane enveloppante. Bientôt leur substance paraît fibrillaire, et constituée par des filaments allant d'un pôle à l'autre. C'est suivant l'axe ainsi déterminé qu'ils s'allongent. Les deux pôles, puis l'équateur, deviennent granuleux. Suivant le plan équatorial, les fibres montrent des renflements qui constituent, par leur réunion, une plaque équatoriale opaque, constituée par des corpuscules de chromatine. Ces corpuscules se dédoublent, comme dans la division cellulaire ordinaire.

Les nucléoles qui, chez les animaux conjugués, persistent après ces phénomènes sont les *noyaux de conjugaison*. Les deux conjoints échangent un de leurs nucléoles, probablement le plus souvent sous forme de fuseaux striés, l'un restant dans l'organisme souche, et l'autre passant dans le voisin. Ce dernier, comparable à une sorte d'élément mâle, est le *noyau migrateur*, tandis que le premier est le *noyau stationnaire*. Le noyau migrateur de l'un des conjoints s'unit au noyau stationnaire de l'autre, pour former un noyau nouveau, dérivant de deux individus différents qui se séparent, le *noyau conjugué*.

Chez le *Colpidium*, les noyaux de conjugaison qui entrent dans la constitution du noyau conjugué ne fusionnent pas leurs parties constitutives. Ils se divisent, l'un et l'autre, en deux noyaux-filles, dont chacun est formé, par moitié, par chacun des deux noyaux de conjugaison.

En général, après l'échange des noyaux migrateurs, le noyau conjugué se divise en deux parties qui se subdivisent elles-mêmes. On trouve donc, généralement, vers la fin de la conjugaison, quatre fuseaux nucléolaires dans chaque individu, dont deux resteront des nucléoles, tandis que les deux autres s'accroîtront et se transformeront en corps clairs pour former des noyaux. Les individus conjugués se séparent et se divisent à leur tour, et chacun d'eux emporte un noyau et un nucléole. Cette marche générale est soumise, suivant les espèces, à une foule de variations. Ainsi, il y a quelquefois huit fuseaux par une nouvelle division des quatre premiers. Les deux individus de nouvelle formation seront la souche d'une nouvelle série de générations agames.

Chez le *Paramœcium caudatum*, les individus séparés possèdent chacun quatre corpuscules qui grossissent et forment des noyaux, tandis qu'un cinquième corpuscule constitue un nucléole. Ce dernier se divise bientôt, et sa bipartition est suivie de celle de l'Infusoire lui-même. Les deux nouveaux organismes prennent chacun deux noyaux et un nucléole. Puis, après une nouvelle division, chaque individu ne présente plus qu'un noyau avec un nucléole.

Le *Chilodon cucullulus*, vers la fin de la conjugaison, ne montre, à côté du noyau, que deux nucléoles médiocrement gros. Après la séparation, l'un des deux s'accroît en un corps clair, sphérique, qui acquiert bientôt la structure d'un noyau, tandis que l'autre se condense, se rapetisse et se loge près de ce nouveau noyau, tandis que l'ancien noyau est expulsé.

Souvent, un des quatre corps se détruit, et il se forme alors deux noyaux et un nucléole. Dans ce cas, le dernier se divise lors de la bipartition de l'être.

Chez le *Paramœcium bursaria*, Balbiani a vu les deux corps agrandis se fusionner avec l'ancien noyau et l'un des deux nucléoles disparaître. Grüber admet la première partie de cette observation ; mais il croit que le nucléole définitif est formé par la fusion des deux corps. D'autres démentent ces deux vues, surtout la dernière.

Jickeli, se basant sur les faits précédents, a publié une manière de voir qui ne paraît guère avoir avec la formation des globules polaires qu'une analogie lointaine. Il compare le rejet de ces globules à l'expulsion du noyau des Infusoires, devenu inutile après la karyogamie. Dans le cas même où ce rejet serait nettement établi, l'analogie recherchée serait loin de l'être. Les globules polaires doivent leur origine à une véritable division cellulaire ; ils ne sont pas des éléments distincts purement et simplement expulsés. D'un côté, il y a une sorte d'évacuation physiologique ; de l'autre, un véritable processus morphologique.

Tout en maintenant ses premières vues, Giard tente plus récemment de donner une interprétation de ce qui s'observe dans la conjugaison des Infusoires, de manière à établir entre tous ces faits des liens d'analogie plus ou moins étroits. Il admet que la concurrence vitale qu'il a imaginée entre les divers individus d'un même kyste existe aussi entre les noyaux d'un corps multinucléé. Donnant à sa théorie une portée plus générale, il compare ce qui se passe à l'évolution de l'œuf, par exemple, chez les Vers plats, où les vitellogènes ne sont autre chose que des ovaires dont les cellules ne deviennent pas des œufs, mais des éléments nutritifs. Chez les Polyclades, il n'y a pas de vitellogène; mais plusieurs œufs sont souvent réunis dans une même enveloppe, et un seul d'entre eux se développe. Ce fait se voit même chez certains Gastéropodes (Néritines). De même, il pense qu'une lutte analogue entre les éléments nucléaires des organismes à plusieurs noyaux aboutit à des résultats identiques. Les éléments nucléaires qui s'atrophient sont, pour lui, les homologues des noyaux qui fonctionnent. Il généralise plus et explique certaines formations nucléaires qui se voient dans certains éléments d'une manière analogue. Ainsi les corpuscules nucléaires en régression des Infusoires sont les homologues des noyaux des *cellules-restes* dans la spermatogenèse du *Cossus ligniperda* (Gibson) ou des noyaux accessoires des spermatocytes des Chétognathes (Bolles Lee). Les noyaux accessoires des spermatides des Chétognathes représenteraient les globules polaires de l'élément mâle.

Mais, d'un autre côté, si le nebenkern, le centrosome, etc., correspondent au macronucléus, sa production ne saurait guère être assimilée à la division du micronucléus. Du reste, les globules polaires peuvent être expulsés sans centrosome; l'essence du phénomène ne se trouve donc pas en lui, mais peut-être dans le noyau qui, dans certaines théories, correspond au nucléole des Infusoires.

En résumé, sans l'énoncer formellement, cet auteur paraît disposé à admettre que les globules polaires peuvent être représentés par de simples éléments nucléaires internes en voie de régression, en même temps qu'il compare ces mêmes éléments aux cellules qui ne deviendront pas des œufs qui se voient dans les organes. Dans cette théorie, il y a donc assimilation de formations diverses et peu comparables, et abandon implicite de la théorie de l'œuf-kyste.

Du reste, des idées plus ou moins analogues ne sont pas rares, et avant Giard aussi bien qu'après, des vues de ce genre, fort variées, ont été publiées. Les uns ont cherché à homologuer avec les globules polaires les noyaux qui s'atrophient dans les Infusoires, tandis que d'autres les assimilent au noyau migrateur.

Dans l'une des interprétations, il y aurait lieu de montrer en quoi l'expulsion d'un corpuscule nucléaire est l'équivalent d'une division inégale, comme l'est celle qui constitue le globule polaire. Du reste, l'élément expulsé, loin d'avoir achevé son cycle et de s'atrophier, a un rôle et des destinées d'une importance fondamentale. Les globules polaires ne sont pas des corps expulsés du kyste hypothétique; ce sont des résultats de divisions qui se produisent à l'intérieur de celui-ci.

Pour que la division des noyaux des infusoires ait pu être comparée à la production des globules polaires, il a été nécessaire d'admettre que cette genèse était essentiellement nucléaire et que les nucléoles sont les homologues de la vésicule germinative, c'est-à-dire du noyau cellulaire. Dans ces conditions, il existait des *noyaux polaires* que l'on identifiait avec les globules polaires des Métazoaires, homologation qui nécessite encore l'admission de l'hypothèse que, chez les Infusoires, où ce phénomène paraît devoir être le plus intense, le nucléole qui se produit dans des conditions d'une égalité, au moins apparente, avec l'élément persistant, paraît n'avoir plus la puissance d'entraîner une division partielle du corps, alors que dans les Métazoaires il détermine toujours une division partielle et double avec une constance et des caractères spéciaux d'une uniformité frappante, de manière à être une division cellulaire et non une multiplication de nucléoles. Du reste, comparer les noyaux sans avenir des Infusoires aux globules polaires des Métazoaires, cela constitue une simple comparaison et non une explication de leur signification.

Rappelons que, pour Vejdovsky, la production des globules polaires est essentiellement l'expulsion du périplaste *(Entwickel ungsgeschichtliche Untersuchungen)*. (Voir figures 19 à 20.)

En fait, on constate que l'œuf produit des corpuscules dont l'origine est obscure, de même que le nucléole des Infusoires se divise un certain nombre de fois. Il existe donc des produits de division cellulaire et des produits de division nucléaire. Y aurait-il lieu de ranger dans ces derniers les éléments connus sous les noms de *noyau vitellin, noyau accessoire, centrosome* et même *nucléole?* Dans ce cas, l'on assimilerait des éléments actifs chez les formes élevées, à des éléments sans rôle dans les groupes inférieurs. Quoi qu'il en soit, ce sont là deux ordres de formations distinctes, dont les unes, d'origine nucléaire, se produisent toujours avant les secondes, d'origine cellulaire, et pourraient exister seules ou déterminer la formation des secondes, suivant leur degré d'énergie fonctionnelle. Un fait analogue s'observe pour les noyaux vitellins qui, à l'état de centrosome, déterminent la division cellulaire.

Les globules polaires sont le résultat d'une division inégale. Les éléments sexuels, en général, se divisent deux fois après leur séparation des amas cellulaires qui leur ont donné naissance. Pour le mâle, le grand nombre étant nécessaire, tous les éléments arrivent à se développer. Pour la femelle, c'est la masse protoplasmique destinée à engendrer les organes qui est le plus nécessaire, d'où il existe une division inégale avec atrophie des petits produits au bénéfice de l'œuf définitif. Telle est l'explication de la signification des globules polaires, qui, dans l'état actuel de la science, réunit le plus de suffrages (¹). L'obscurité qui règne encore sur cette question justifie cette interprétation.

Il y a lieu, toutefois, de ne pas se méprendre sur la valeur possible d'une pareille vue. Comparer les globules polaires aux spermatides constitue un rapprochement et non une explication réellement morphologique.

Si les globules polaires ne sauraient être assimilés aux produits du kyste des Protozoaires, ils n'en peuvent pas moins être comparés à des germes avortés, ainsi que je le rappelle plus haut et que je l'ai publié dès 1886, et ceci d'autant plus que leur assimilation avec les spermatides, qui, eux, sont des

---

(¹) Dans la théorie morphologique, c'est l'ovogonie qui correspondrait à la spermatide, et la production des globules polaires serait une sorte de commencement de développement d'individus dans l'œuf, développement spécial précédant le développement particulier de chaque individu et de l'individu persistant.

germes effectifs, donne une nouvelle probabilité en faveur de mon hypothèse. Dans ce cas, il est toutefois utile de montrer que les globules polaires ne sauraient être assimilables aux noyaux polaires si ceux-ci sont les homologues des corpuscules d'origine nucléaire, tels que le noyau accessoire, etc. En effet, les spermatides, équivalents morphologiques des globules polaires, possèdent ce dernier élément.

Bordeaux. — Imp. G. GOUNOUILHOU, rue Guiraude, 11.